GRUNDWERTE RÖMISCHER STAATSGESINNUNG IN DEN GESCHICHTSWERKEN DES SALLUST

VON

VIKTOR PÖSCHL

BERLIN

WALTER DE GRUYTER & CO.

1940

Archiv-Nr. 33 48 39
Printed in Germany
Druck von Walter de Gruyter & Co., Berlin W 35

INHALT

DIE AUFGABE

Das Werk Sallusts ist aus der Verzweiflung und dem Ekel über den politischen und moralischen Zusammenbruch des römischen Staates entstanden[1]). Mit zensorischer Strenge hält er über die Personen, Vorgänge und Zustände Gericht, die Schuld daran tragen. Er mißt sie an einer Lebenshaltung und Staatsgesinnung, die als Forderung ausgesprochen oder unausgesprochen über der Wirklichkeit steht, die er schildert. Vor dieser Forderung kann vielleicht keine einzige von all den großen und kleinen Gestalten, die er zeichnet, ganz bestehen[2]).

Welches ist diese Forderung, welches das römische Ideal, an dem er die historischen Erscheinungen mißt, welches sind die Prinzipien, die nach seiner Auffassung den idealen römischen Staat, die ideale römische Politik, die ideale römische Haltung tragen? Diese Fragen sind in der in den letzten Jahren beträchtlich anwachsenden Sallustforschung nur gelegentlich berührt worden. Wir wollen hier versuchen, auf sie zu antworten. Dreifach ist der Sinn solcher Betrachtung. Es sollen einmal die Grundwerte römischer Staatsgesinnung und die Prinzipien römischer Politik an Sallust illustriert werden, wodurch das Bild römischen Wesens, das sich aus der bisherigen Forschung ergeben hat, in manchem ergänzt werden kann. Wird es doch an einem Historiker erläutert, der für die Ergründung gerade der Grundlagen *altrömischer* Staats-

[1]) Vgl. J 4, 4: Qui si reputaverint ... quae genera hominum in senatum pervenerint, profecto existimabunt me magis merito quam ignavia iudicium animi mei mutavisse ... verum ego liberius altiusque processi, dum me civitatis morum piget taedetque.

[2]) Daß Sallust nicht von einem Parteistandpunkt aus Schwarzweißmalerei übt und etwa Marius und Caesar nur in strahlendem Lichte sieht, ist das unerschütterliche Ergebnis der neueren Sallustforschung. Für die Gestalt des Sertorius in den Historien hat man allerdings nicht die richtige Folgerung gezogen. Es ist nach allem, was wir von Sallusts Darstellung wissen, äußerst unwahrscheinlich, daß Sertorius bei ihm die reine Lichtgestalt war, wie sie neuerer Forschung zum Teil erscheint. Ob die Anerkennung, die Sallust Caesar und Cato in der Synkrisis des Catilina spendet, uneingeschränkt gilt, ist eine Streitfrage. Die Forschung sah darin entweder eine Verurteilung Catos oder eine Verurteilung Caesars oder schließlich eine Hindeutung auf Sallusts Ansicht, daß beiden zur Größe etwas fehle. Vgl. hierzu u. S. 10 f. 65 ff.

gesinnung und Lebensauffassung besonders wichtig ist. Dies zu beweisen, zu zeigen, daß die Geschichtsschreibung des Sallust eine bewußte Hinwendung zum Altrömischen bedeutet, ist das zweite Ziel der Arbeit. Wie er in der Sprache archaisiert, so hat er in dem Bestand seiner moralischen und politischen Begriffe und in seiner Gesamthaltung, die sich auf diesen Begriffen aufbaut, eine Vereinseitigung der politischen Prinzipien und Gedanken vollzogen, die uns im Werke Ciceros entgegentreten [1]). Er repräsentiert so gleichsam eine ältere Stufe römischen Denkens. Er gibt die altrömische Haltung reiner wieder als Cicero oder etwa Livius und Virgil, wenn auch diesen Autoren schon wegen der größeren Ausdehnung ihrer Werke (deren römischer Gehalt noch längst nicht ausgeschöpft ist) für die Ergründung römischen Wesens im ganzen eine größere Bedeutung zukommt als dem Sallust [2]). Erweist sich diese Auffassung als richtig, so kann sie für die Gesamtbeurteilung des Sallust nicht ohne Bedeutung sein, und diese gegenüber heute weit verbreiteter Vereinseitigung zu vervollständigen, den Sallust als *römischen* Geschichtsschreiber, als Vermittler römischer Werte zu würdigen, ist die dritte Absicht dieser Arbeit. Daß Sallust sich vom Parteipolitiker, wenn auch nicht zum unparteiischen Historiker, so doch zum wahrhaft römischen Staatsdenker erhoben hat, daß ihm die Ideen und Prinzipien des altrömischen Staates im eigentlichen Wortsinn maßgebend sind, wird man dann nicht mehr ernsthaft bestreiten können. Auch, ob Sallust an die Wahrheit dieser Prinzipien geglaubt hat oder nicht, kann kaum dem subjektiven Ermessen überlassen bleiben, obwohl dies schon jenseits der Grenze des streng Beweisbaren liegt. Eine so bewußte Rückwendung schließt, so möchten wir meinen, einen Glauben und ein Bekenntnis in sich. Trotz aller Enttäuschung und Verbitterung steht dem Sallust eines unerschütterlich vor Augen: die Idee des alten römischen Staates und des alten Römertums.

[1]) Diese Vereinseitigung beruht vor allem auf dem Zurücktreten bestimmter griechischer Einflüsse (vgl. u. S. 21 f. 81. 110f.) und jener Gedanken, in denen sich die augusteische Romidee vorbereitet: daß Rom von den Göttern zur Ewigkeit bestimmt sei und die Sendung habe, der Welt den Frieden zu bringen (vgl. u. S. 110f.).

[2]) Die augusteische Literatur ist zudem darum von unschätzbarem Wert, weil sie aus einer Zeit entstanden ist, die, alle Kräfte römischer Vergangenheit in der Ruhe des wiedergewonnenen Friedens klärend und verklärend, dem römischen Wesen klassischen Ausdruck gegeben hat.

DER WEG

Um auf die gestellten Fragen antworten zu können, müssen wir Klarheit haben über die Methode, die es uns ermöglicht, die römischen Ideale im Sallust zu finden und aus der historischen Darstellung herauszulösen. Selbstverständlich kommen hier zunächst die Äußerungen in Betracht, mit denen Sallust im eigenen Namen zu diesen Fragen Stellung nimmt. Zweitens ist die Darstellung der Ereignisse selbst zu prüfen, wieweit sie entweder ausdrücklich ein Urteil Sallusts enthält (es liegt dies oft einfach in dem Hinweis, daß dies oder jenes dem mos maiorum entspreche) oder es aus der Übereinstimmung mit jenen prinzipiellen Äußerungen erschließen läßt. Drittens aber sind als besonders wichtiges Zeugnis die Reden zu verwerten. Sie enthalten alle ohne Ausnahme wahre Anschauungen und ideale Forderungen und sind alle mehr oder weniger von dem sallustischen Ideal erfüllt, das wir suchen, auch die Reden solcher Politiker, die Sallust offensichtlich verurteilt (wie z. B. Catilina) oder deren Verhalten er doch nicht ganz billigt (wie z. B. Marius), was wiederum durch die Übereinstimmung mit den Gedanken erwiesen wird, die er in eigenem Namen ausspricht. So entspricht, um nur ein Beispiel anzuführen, die Anklage, die Catilina gegen die pauci potentes erhebt [1]), ebensosehr Sallusts eigener Äußerung [2]) wie die ausfällige Bemerkung gegen den Luxus [3]). Die Reden werden so für Sallust zu einem Mittel, seine eigene Meinung über politische Erscheinungen und Personen indirekt auszusprechen. Sie geben nicht immer die ganze Wahrheit wieder, weil die Redner sich selbst und ihre Partei in ein ideales Licht stellen, das sie nicht so zeigt, wie sie wirklich sind

---

[1]) C 20,7: postquam res publica in paucorum potentium ius atque dicionem concessit, semper illis reges tetrarchae vectigales esse, populi nationes stipendia pendere; . . . itaque omnis gratia potentia honos divitiae apud illos sunt aut ubi illi volunt; nobis reliquere pericula repulsas iudicia egestatem.

[2]) C 39,1: postquam Cn. Pompeius ad bellum maritumum atque Mithridaticum missus est, plebis opes inminutae, paucorum potentia crevit. ii magistratus, provincias aliaque omnia tenere; ipsi innoxii, florentes, sine metu aetatem agere ceterosque iudiciis terrere.

[3]) C 20,11: quis mortalium, quoi virile ingenium est, tolerare potest illis divitias superare quas profundant in extruendo mari et montibus coaequandis, zu vergl. mit Sallusts eigener Äußerung C 13,1: nam quid ea memorem, quae nisi iis qui videre nemini credibilia sunt, a privatis compluribus subvorsos montis, maria constrata esse?

(vgl. z. B. unten S. 50 über die Mariusrede). Aber sie sind insofern wahr, als sie die Fehler der Gegenpartei grundsätzlich richtig sehen. So geben z. B. die Reden des Catilina, des Memmius und des Marius die wahre Meinung Sallusts über die verkommene römische Nobilität, die Rede des Lepidus über Sulla wieder [1]). In der Kritik der Reden spiegelt sich die Kritik des Sallust. Wir dürfen sie daher unbedenklich zur Konstruktion der sallustischen Ideologie verwenden, soweit nur eben die erforderliche Übereinstimmung mit den eigenen Gedanken Sallusts besteht.

Daß diese Reden teilweise ideale Anschauungen vertreten, auch wo diese nicht der wahren Gesinnung der Redner entsprechen, hat Sallust selbst angedeutet. Er sieht darin ein Hauptkennzeichen des politischen Zerfalls und der moralischen Zersetzung, daß zwischen den Worten der Politiker und ihren Taten ein schreiender Widerspruch besteht, römisch gesprochen, daß die fides in dem Sinn des fit, quod dicitur [2]) nicht mehr besteht: 'seit jener Zeit (d. h. seit der Wiederherstellung des Tribunats unter dem Consulat des Crassus und des Pompeius) haben alle Politiker mit ehrenhaften Begriffen, die einen, als verteidigten sie des Volkes Rechte, die andern, daß dadurch die Autorität des Senates möglichst stark sei, das Staatswohl vorschützend für ihre eigene Macht gekämpft' [3]). Dasselbe sagt Cato in seiner Rede vor dem Senat: hic mihi quisquam mansuetudinem et misericordiam nominat. iam pridem equidem nos vera vocabula rerum amisimus: quia bona aliena largiri liberalitas, malarum rerum audacia fortitudo vocatur, eo res publica in extremo sita est (C 52, 11) [4]). Also:

[1]) Vergl. unten S. 75 f.

[2]) Cic. De rep. IV 7. Ep. 16, 10, 2. De off. I 23.

[3]) C 38, 3: post illa tempora quicumque rem publicam agitavere, honestis nominibus, alii sicuti populi iura defenderent, pars quo senatus auctoritas maxuma foret, bonum publicum simulantes pro sua quisque potentia certabant. Ähnlich H I 12 M.: dum pauci potentes quorum in gratiam plerique concesserant, sub honesto patrum aut plebis nomine dominationes affectabant. Oratio Macri 11: praesertim quom his civilibus armis dicta alia, sed certatum utrimque de dominatione. Vgl. auch C 10, 4: ambitio multos mortalis falsos fieri subegit, aliud clausum in pectore, aliud in lingua promptum habere ... magisque voltum quam ingenium bonum habere.

[4]) Die Anlehnung dieser Gedanken an Thukydides ist längst bemerkt. Nicht bemerkt ist, daß die Catorede auch sonst wichtige Berührungspunkte mit Thukydides, und zwar mit der perikleischen Leichenrede, aufweist (unten S. 10.) Was die Beurteilung der Abhängigkeit des Sallust von Thukydides angeht, so

sie führen schöne Worte im Mund und erheben ideale Forderungen, aber sie meinen etwas ganz anderes. Ihre Motive sind alles andere als idealer Art. Diesen Zwiespalt zwischen den Worten und der Gesinnung hat Sallust bei vielen seiner Gestalten dargestellt [1]. Es sei gestattet, dies an einigen Beispielen zu verdeutlichen, zumal dadurch eine Seite der raffinierten Kunst Sallusts beleuchtet wird, die dann Tacitus zu einem virtuosen Mittel seiner Charakterdarstellung entwickelt hat, und die in der Sallustliteratur, soweit ich sehe, nirgends behandelt ist [2]. Ein Meister in der Kunst der

---

ist zu sagen, daß Sallust in der Grundhaltung seines politischen Denkens, das auf das Ursächliche gerichtet ist, dem Thukydides viel verdankt (aber Poseidonios, Cicero und Varro sind für ihn ebenfalls wichtig; den Beweis hierfür werde ich an anderer Stelle führen). Zweitens, daß er stilistisch in ihm sein Vorbild hat (die strenge Konzentration auf das politisch Wesentliche und prinzipiell Bedeutsame, die σεμνότης der Sprache, erreicht durch die Anlehnung an den alten Cato, die Funktion der Reden). Wo wörtliche Anklänge vorliegen, ist ihre Entstehung so zu denken, daß Sallust eigene Gedanken (bzw. eben römische) bei Thukydides formuliert fand und sie dann übernahm. Sie stehen bei ihm stets im organischen Zusammenhang und sind im römischen Denken fest verwurzelt (vgl. u. S. 95 f.). Über das Verhältnis des Sallust zu Thukydides zuletzt Bauhofer, Die Komposition der Historien Sallusts, Diss. München 1935 (vgl. auch die dort zitierte Literatur), 145 ff. und Bennezon, Les procédés dans les discours de Salluste et l'influence de Thucydide, REL 1935, 358.

[1]) Sicher bei Catilina, Marius, Memmius, Sulla (J 95, 3: ad simulanda negotia altitudo ingeni incredibilis). Höchstwahrscheinlich bei Lepidus (vgl. u. S. 76). Bei Licinius Macer, Philippus (vgl. aber auch unten S. 74) und Cotta sehe ich keine Möglichkeit sicherer Entscheidung, Es ist durchaus denkbar (omnibus pariter corruptis im Prooemium der Historien), daß auch hier der gleiche Gegensatz besteht. Nur in den Reden Catos und Caesars ist ein solcher Widerspruch nicht feststellbar. Daß dies nur im Catilina und nicht mehr in den späteren Werken begegnet, könnte man vielleicht als ein Symptom für die »fortschreitende Verdüsterung« im Werke Sallusts ansehen. Bedeutsamer hierfür scheint mir, daß das römische Ideal in den Historien nirgends so entschieden verkündet wird wie in der Catorede des Catilina oder der Mariusrede des Jugurtha (dort allerdings schon der Parteitendenz dienstbar gemacht, S. 49). Das bedeutet aber nicht, daß Sallust den Glauben an dieses Ideal verloren hätte, sondern nur, daß er keinen seiner Akteure für würdig hielt, es zu verkünden.

[2]) Mit Ausnahme einer Bemerkung von Drexler, N. Jb. 1928, 394, der in der Rede Catilinas ausgezeichnet auf das idem velle atque idem nolle ea demum firma amicitia est verweist, wobei sich Sallust und der Leser gleichsam dazu denkt: sed inter malos factio est (J 31, 15). Auch Seel, S. 72 (z. T. im Anschluß an Drexler: S. 72, A. 3) weist auf die Zwiespältigkeit der Catilinarede hin.

Heuchelei ist Catilina: quoius rei lubet simulator ac dissimulator. Mit einem grimmigen Hohn hat Sallust ihn als einen frechen Lügner charakterisiert. Die Rede an seine Genossen setzt mit den Worten ein: »Ni virtus fidesque vostra spectata mihi forent!« Ich glaube, Sallust hat die Begriffe virtus und fides nicht ohne Absicht so prononciert an den Anfang gestellt. Virtus und fides, die höchsten römischen Tugenden, bei den Gefährten Catilinas?, so muß der Leser erstaunt fragen, zumal er kurz zuvor gehört hat: »Aus ihnen schuf er sich falsche Zeugen und Testamentsfälscher. Als er dann ihren Ruf und ihr Schamgefühl vernichtet hatte, stellte er ihnen andere und größere Aufgaben. Wenn ein Anlaß für ein Verbrechen im Augenblick nicht vorhanden war, so brachten sie Unschuldige wie Schuldige zu Fall und erdrosselten sie; offenbar, damit ihre Hände und ihr Geist nicht einrosteten, war er lieber ohne Gewinn grausam und schlecht. Im Vertrauen auf diese Freunde und Genossen faßte er den Plan, den Staat zu stürzen (C 16, 2. 3)«. Man wird wohl, wenn man diese Worte gelesen hat, den Eingang der Catilinarede als Anmaßung Catilinas oder doch wenigstens als ein Zeichen dafür empfinden, wie sehr sich diese Begriffe hier von ihrer ursprünglichen Bindung an die politische Gemeinschaft gelöst haben. Wenn die Catilinarier auch in gewissem Sinne tapfer waren und treu zueinander hielten, so ist doch die moralische Wertung, die in virtus und fides steckt (über virtus vgl. u. S. 27), auf sie nicht recht anwendbar. Für diese Deutung spricht auch, daß Sallust dort, wo er in eigenem Namen von Catilina und den Catilinariern redet, niemals das Wort fides oder virtus gebraucht, auch dort nicht, wo er ihr mutiges Verhalten im Kampf und ihren heldenhaften Tod nicht ohne Bewunderung schildert und wo Gelegenheit gewesen wäre, den Ausdruck virtus zu gebrauchen [1]). Noch deutlicher ist die Absicht Sallusts, den Catilina als Heuchler zu zeichnen, im folgenden. Denn in der Rede Catilinas geht es nach dem verheißungsvollen Anfang in der gleichen Tonart weiter: »Aber weil ich euch tapfer und treu erfunden habe [2]), faßte mein Sinn den mutigen Entschluß, *die größte und*

---

[1]) C 61, 1 sagt Sallust nur: sed confecto proelio, tum vero cerneres, quanta audacia quantaque animi vis fuisset in exercitu Catilinae. Über die Bedeutung von audacia bei Sallust vgl. S. 37.

[2]) Cato sagt C 52, 11: »die Verwegenheit, Schlimmes zu tun, heißt jetzt Tapferkeit«; und Treue, fides, kann ihrem wahren Sinn nach nur in einer

schönste Tat zu beginnen«. Hier ist der bittere Hohn nicht mehr zu verkennen. Nach Massilia schließlich geht der Unschuldsvolle, uti res publica quieta foret neve ex sua contentione seditio oreretur (34, 2)!

Catilina ist nicht der einzige, den Sallust als Heuchler entlarvt, wenn auch bei ihm der Widerspruch zwischen seinen Reden und seiner Gesinnung besonders kraß gestaltet ist. So beginnt der Volkstribun Memmius seine Rede mit den Worten: Multa me dehortantur a vobis, Quirites, ni *studium reipublicae* omnia superet (J 31, 1). Wenige Zeilen vorher war aber an das *odium nobilitatis* erinnert, das ihn erfüllte und das somit als das eigentliche Motiv seines Handelns erscheint. Es darf daher von ihm gelten, was Sallust dann von der plebs ausdrücklich sagt, daß sie (anläßlich der rogatio Mamilia) magis odio nobilitatis quam cura rei publicae handelte (J 40, 3). Und erst recht ist Marius keineswegs der uneigennützige Held, als der er sich in seiner Rede vor dem Volk aufspielt: »Ich weiß, daß die meisten sich nicht mit demselben Tun um ein imperium bewerben, wie sie es nachher, nachdem sie es erlangt haben, verwalten [1]). Zuerst sind sie tätig, unterwürfig, maßvoll, nachher leben sie in Faulheit und Dünkel dahin. Ich aber bin anders gesonnen: denn in dem Maße als die ganze res publica mehr bedeutet als das Amt des Consuls oder des Praetors, muß jene mit größerer Sorge verwaltet als diese Ämter erstrebt werden«. Auf die res publica also kommt es nach seinen Worten dem Marius an, nicht auf die Bewerbung um das Consulat. Wie anders hat ihn Sallust geschildert! Seitdem er den Gedanken faßte, sich um das Consulat zu bewerben, wurde er »durch seine Ehrsucht in rasen-

---

amicitia, nicht in einer factio bestehen, vgl. auch Cic. De off. I 62. 63: nihil honestum esse potest, quod iustitia vacat. Praeclarum igitur illud Platonis: ... animus paratus ad periculum, si sua cupiditate, non utilitate communi impellitur, audaciae potius nomen habeat quam fortitudinis.

[1]) Der gleiche Ausdruck begegnet in der Charakteristik des Valerius Corvinus bei Liv. 7, 33: et, quo nihil popularius est, quibus artibus petierat magistratus, iisdem gerebat. Diese Darstellung des Valerius Corvinus weist auch sonst bedeutsame formale und inhaltliche Ähnlichkeiten mit der sallustischen Darstellung des Marius auf. Corvinus ist wie Marius der Typus des populären Volksführers und Feldherrn. Vgl. Liv. 7, 32, 12 (Rede des Valerius Corvinus): facta mea, non dicta vos, milites, sequi volo. Mariusrede: nunc vos existimate, facta an dicta pluris sint (85, 14). Ferner Valerius: non factionibus nec per coitiones usitatas nobilibus, sed hac dextra mihi tres consulatus summasque laudes peperi, was mit dem Grundgedanken der Mariusrede übereinstimmt.

dem Sturz dem Verderben zugetrieben« [1]). Er scheut sich nicht, Metellus vor den Römern in Utica [2]) (64, 5), vor den Soldaten und vor dem Volke (85, 10, wenn auch da, ohne ihn zu nennen) anzuschwärzen [3]). Wie Sallust über ein solches unmilitärisches Verhalten denkt, hat er später deutlich ausgesprochen: (Sulla) in operibus, in agmine atque ad vigilias multus adesse, neque interim quod *prava ambitio* solet, consulis aut quoiusquam boni famam laedere. Also ist auch bei Marius nicht so sehr, wie er vorgibt, studium rei publicae als vielmehr prava ambitio das letzte Motiv seines Handelns. Und es scheint mir Ironie darin zu liegen, daß Sallust den Marius in jener Rede sagen läßt: illis difficile est in potestatibus temperare, qui per *ambitionem* sese probos simulavere; mihi, qui omnem aetatem in optumis artibus egi, bene facere iam ex consuetudine in naturam vortit (85, 9).

Ich möchte in diesem Zusammenhang die Vermutung nicht unterdrücken, daß sich in der raffinierten Kunst und der manchmal fast boshaften Freude des Sallust, zwischen den Worten und den Taten seiner Helden einen Widerspruch aufzudecken und sie so zu entlarven, ihm selbst wohl unbewußt, der Zwiespalt des Menschen abspiegelt, der in seinem Werk mit unheimlicher Schärfe erkannt hat, was wahres Römertum fordert, und der doch in seinem Leben so wenig danach gehandelt hat [4]). Die Zwiespältigkeit

[1]) J 63, 6: tamen is ad id locorum talis vir — nam postea ambitione praeceps datus est — consulatum adpetere non audebat. Praecipitem dare ist ein sehr harter Ausdruck, der sich etwa in der versuchten Weise umschreiben läßt.

[2]) J 64, 5: ita *cupidine* atque *ira*, pessumis consultoribus, grassari; *neque facto ullo neque dicto abstinere, quod modo ambitiosum foret*; milites, quibus in hibernis praeerat, laxiore imperio quam antea habere; apud negotiatores, quorum magna multitudo Uticae erat, criminose simul et magnifice de bello loqui: dimidia pars exercitus si sibi permitteretur, paucis diebus Iugurtham in catenis habiturum; ab imperatore consulto trahi, quod homo inanis et regiae superbiae imperio nimis gauderet. Sallust berührt sich in seinem Urteil über Marius mit Cicero (De off. III 79): C. Marius ... Q. Metellum ... apud populum Romanum criminatus est, bellum illum ducere, si se consulem fecissent. brevi tempore aut vivum aut mortuum Iugurtham se in potestatem populi Romani redacturum. Itaque factus est ille quidem consul, sed a fide iustitiaque discessit, qui optimum et gravissimum civem, cuius legatus et a quo missus esset, in invidiam falso crimine adduxerit.

[3]) Hierauf hat Drexler, N. Jb. 4, 1928, 391, aufmerksam gemacht.

[4]) Über dieser Spannung im Wesen des Sallust Latte, Sallust 1935, 56ff. und besonders Oppermann, Das neue Sallustbild, N. Jb. 1935. Andere Beispiele für die Schilderung von zwiespältigen Menschen im Sallust bei Latte a. O.

seines eigenen Wesens, das eben beides, römische Größe und römische Verworfenheit, in sich trägt, hat ihn zu der Meisterschaft historischer Gestaltung befähigt, die ihn, wie schon Quintilian aussprach, über Livius hinaushebt und (wie wir hinzufügen möchten) dem Tacitus nahebringt. Sie hat ihn zu dem Historiker gemacht, der heute noch mit unheimlicher Gewalt jeden anspricht, der an sein Werk unbefangen herantritt. Zugleich aber wird Sallust so zum Repräsentanten eines Typus der römischen Revolutionszeit, der das altrömische Lebensideal in seiner kompromißlosen Strenge kennt und auch mit echter Überzeugung verkündigt — denn es sei fern, Sallust zum Heuchler zu stempeln, ein solches wahrhaft doch allzu einfaches Urteil würde dem komplizierten Sachverhalt nicht gerecht werden — und der doch nicht mehr die Kraft dazu hat, danach auch zu leben, der den schlechten Kräften seiner Zeit erlegen ist, wie Sallust es von sich selbst in der Einleitung des Catilina hinsichtlich der ambitio ausgesprochen hat (C 3, 4). Insofern kann man vielleicht in einem tiefen Sinne sagen, daß im Werke Sallusts ein ganzes Zeitalter Ausdruck gewinnt.

Aus diesem Widerspruch zwischen den Worten und der Gesinnung ergibt sich, und damit kehren wir zum Ausgangspunkt zurück, daß in den Reden auch solcher Personen, die Sallust ohne Einschränkung verurteilt wie Catilina und wohl auch Aemilius Lepidus in den Historien (vgl. u. S. 74) oder doch nicht als fleckenlose Idealgestalten zeichnet wie Memmius und Marius, die Sprache idealer römischer Gesinnung gesucht werden darf. Daß selbst die Reden eines Catilina und eines Lepidus hiervon getragen sind, ist zugleich ein Beweis für die Beharrungskraft der römischen Tradition, die die altrömischen Ideale auch in den Zeiten schlimmsten Verfalls dem Bewußtsein lebendig gehalten hat. Es besteht kein Grund daran zu zweifeln, daß sie auch in den wirklich gehaltenen Reden dieser Politiker eine Rolle gespielt haben. Erst recht ist, obwohl sie eine einander entgegengesetzte Haltung einnehmen und Sallust die Stellungnahme Caesars in der Frage, wie die gefangenen Catilinarier zu behandeln seien, wohl nicht teilt, römische Gesinnung in den Reden des Cato und des Caesar zu suchen, die beide als durch virtus unter ihren Zeitgenossen hervorragend gekennzeichnet sind. Wie alle Reden der Politiker, die bei Sallust auftreten, ihren oft verfehlten Standpunkt mit Gedanken verteidigen, die sich auch vor der strengen Auffassung, die Sallust vertritt, hören ließen, so verteidigt Caesar seine (von Sallust nicht gebilligte) Stellungnahme mit Argumenten, die als solche der Auffassung Sallusts und überhaupt der römischen Auffassung entsprechen [1]). Es sind also schlechterdings alle Reden wichtige Zeugnisse für das, was von Sallust als römische Gesinnung empfunden wurde. Und weil sie von verschiedenen Standpunkten und aus verschiedenen Situationen die idealen Grundsätze römischer Haltung und römischer Politik äußern, bekommen wir trotz der Beschränkung, die sich aus der Eigenart der behandelten historischen Ereignisse ergibt, ein ziemlich umfassendes Bild von den römischen Maßstäben, die Sallust seiner Darstellung und seinem Urteil zugrunde legt.

Die Rede Catos nimmt freilich insofern eine Sonderstellung ein, als hier, vor allem in dem allgemeinen Abschnitte über die Ursachen der Größe Roms (C 52, 19—23), so prinzipiell wie sonst in keiner Rede die sallustischen Gedanken ausgesprochen werden, die wir aus den Prooemien und Excursen kennen [2]). Es sind, wie sich ergeben wird, die Grundsätze, die sein ganzes Werk beseelen. Daß er sie gerade Cato in den Mund legte, ist vielleicht der stärkste, bisher m. W. noch nicht ausgewertete Beweis für die Richtigkeit der These, daß Sallust in Cato, dem Gegner Caesars, einen verehrungswürdigen Ausdruck römischer Größe sieht [3]). Wie Perikles in der Leichenrede die Frage beantwortet, durch welche Verfassung und welche Sitten Athen groß geworden ist (Thuk. II 36, 4: ἀπὸ οἵας τε ἐπιτηδεύσεως ἦλθον ἐπ' αὐτὰ καὶ μεθ'οἵας πολιτείας καὶ τρόπων ἐξ οἵων μεγάλα ἐγένετο), so legt Cato die Ursachen der Größe Roms dar. Liegt da nicht der Schluß nahe, was Perikles dem Thukydides bedeutete, sei in gewissem Sinne Cato dem Sallust gewesen: letzter Repräsentant der alten

---

[1]) Vgl. unten S. 63ff.

[2]) Richtig VRETSKA, Der Aufbau des Bellum Catilinae, Hermes 72, 1937, 215. Am nächsten steht in dieser Hinsicht die Mariusrede, vgl. u. S. 50,3.

[3]) Daß man umgekehrt in an sich berechtigter Reaktion gegen die Tendenzhypothese, die Sallust zu einem reinen Caesarianer machte, m. E. die Schätzung, die Sallust dem Caesar widerfahren läßt, allzu niedrig bewertet und teilweise sogar in die gleiche Interpretation verfällt, die man den Verfechtern jener Hypothese mit Recht zum Vorwurf macht, nur in umgekehrter Richtung, wird später gezeigt werden. Auch in der Auffassung, in dem Urteil Sallusts über Cato sei ein versteckter Tadel verborgen (vgl. die folgende Anmerkung), scheint mir noch ein Rest der Tendenzhypothese zu stecken.

Größe? So nähme die Catorede, wenn man sich die Reden in einer Stufenordnung vorstellte, die sich nach der Nähe zum sallustischen Ideal bestimmen würde, wohl den obersten Platz ein [1]). Hier werden drei Ursachen der Größe Roms genannt [2]): die industria, das imperium iustum, die Freiheit von den Leiden-

[1]) KROLL empfindet wohl richtig (Gnomon 1932, 321), daß Cato bei Sallust im Lichte seines Todes gesehen sei. Andererseits ist, glaube ich, SEEL darin Recht zu geben, daß dem Sallust die Einseitigkeit dieses Menschen nicht verschlossen geblieben ist. Nur kann man nicht sagen, daß »Sallust den Cato lobe und dahinter seinen Tadel verstecke« (SEEL, Hirtius, Beiheft Klio 1935, 58f. in Polemik gegen POETTER, Bellum Alexandrinum und Bellum Africanum, Diss. Münster 1932, dessen Behauptung, daß Cato im Catilina in hellem Licht erscheine, mir nicht anfechtbar erscheint. Auf die übrigen Punkte der Auseinandersetzung Seels mit Poetter kann ich hier nicht eingehen). Auch ist die Auffassung Seels, daß Sallust den Cato für einen weltfremden und im Grunde für die Politik nicht recht taugenden Moralprediger gehalten habe (Sallust, S. 43ff.), was dann SCHUR in seiner ausführlichen Behandlung der Synkrisis (Sallust als Historiker, S. 198ff.) zu der m. E. unhaltbaren Antithese führte, Cato sei bei Sallust ein apolitischer Moralist, Caesar ein amoralischer Politiker (a. O. S. 201), insofern übertrieben, als sich Cato in der Frage der Catilinarier nach Ansicht Sallusts gerade auch als der *politisch* richtig Handelnde erwiesen hat. Die Trennung zwischen Moral und Politik, die Seel und Schur vollziehen, ist für Sallust und die römische Anschauung überhaupt nicht vorhanden. Wer das, was die Moral fordert, in die politische Wirklichkeit umsetzt, hat auch das *politisch* Richtige getan. Daß dies die Auffassung Sallusts ist, wird sich aus dem weiteren Verlauf unserer Arbeit ergeben. Verfehlt auch Vretska, a. O. 215: »Cato ist nicht siegreich strahlender, untadeliger Held ... seinem Tun fehlt die Weite und Kühle des staatsmännischen Blicks eines Caesar, dessen Rede als Gegenbild seiner Rede geformt ist«. Ferner widerspreche die Forderung des vigilare, agere, bene consulere (C 52, 29) dem Charakter Catos. »Labor und vigilantia werden ihm ausdrücklich im älteren Brief« (wo aber die politische Absicht mitspricht, die Gegner Caesars als nicht allzu gefährlich hinzustellen; zudem lag damals Catos heldenhafter Kampf gegen Caesar noch in weiter Ferne) »und unmittelbar« (soll wohl heißen mittelbar) »in der Synkrisis durch Zuweisung dieser Eigenschaften an Caesar abgesprochen« (was die überspitzte Interpretationsweise Seels wiederaufnimmt, gegen die schon Kroll Einspruch erhoben hat, vgl. u. S. 68). Die hier wieder hervortretende Ansicht, zwischen dem Brief an Caesar und dem Catilina bestünde hinsichtlich der Beurteilung Catos Übereinstimmung (Seel a. O. 54, 4; Schur a. O. 200), ist unhaltbar. Virtus wird ihm dort indirekt abgesprochen (ep. 2, 9, 3), hier wird sie ihm ausdrücklich zuerkannt (C 53, 6: ingenti virtute; C 54, 6: cum strenuo virtute certabat), und virtus ist bei Sallust nicht so sehr moralische Haltung als tapfere Bereitschaft zum Handeln, wie sich zeigen wird (u. S. 12ff.).

[2]) 52, 19: nolite existumare maiores nostros armis rem publicam ex parva *magnam* fecisse ... sed alia fuere quae illos magnos fecere.

schaften (animus in consulendo liber neque delicto neque lubidini obnoxius). Wenn wir für das letzte einen lateinischen Ausdruck aus Sallust wählen, der dies annähernd bezeichnet, die moderatio, so können wir sagen: industria, imperium iustum, moderatio sind die Grundideen, auf denen sich die Größe der römischen Politik und des römischen Daseins aufbaut. Hieraus ergibt sich die Dreiteilung unserer Arbeit. Zuerst soll der Begriffskreis um virtus (zu dem, wie sich zeigen wird, industria gehört), dann um moderatio, schließlich um das imperium iustum betrachtet werden [1]. Aus dieser Betrachtung wird deutlich werden, daß, was ohnehin nicht ernstlich angezweifelt werden kann, Sallust durch Catos Mund seine eigenen Gedanken ausspricht.

VIRTUS

LABOR. INDUSTRIA. DISCIPLINA MILITARIS

In dem geschichtsphilosophischen Abschnitt aus dem Anfang des Catilina werden *labor* und *iustitia* als Ursachen der Größe Roms genannt (10, 1: ubi labore et iustitia res publica crevit). Mit labor ist offensichtlich das gleiche gemeint wie mit der industria der Catorede. Labor, die harte Arbeit [2], ist also wie die industria in Catos Rede an erster Stelle genannt, d. h. sie wird als das wichtigste empfunden. Sie ist es insofern, als sie die ganze römische Lebenshaltung, nicht nur die Politik im engeren Sinne trägt. Darum wenden wir uns ihr und dem durch virtus bestimmten Kreis, dem sie angehört, zuerst zu.

Denn der Begriff der virtus selbst ist bei Sallust mit labor unzertrennlich verbunden: virtus bewährt sich im Überwinden von labor. Am deutlichsten zeigt dies ein Passus aus dem 7. Kapitel des schon zitierten geschichtsphilosophischen Abschnittes, wo der Punkt: labore res publica crevit, erörtert war [3]. Sallust erzählt von der großen Zeit des alten Rom (C 7, 4): iam primum iuventus, simul ac belli patiens erat, in castris per *laborem* usum militiae discebat, magisque in decoris armis et militaribus equis quam in

---

[1]) Der genau entsprechende Begriff wäre iustitia, das wir deshalb vermeiden, weil es bei Sallust nur ein einziges Mal vorkommt, vgl. u. S. 81.

[2]) Vgl. Ciceros Definition Tusc. II 35: labor est functio quaedam vel animi vel corporis gravioris operis et muneris.

[3]) Der andere Punkt: iustitia res publica crevit, war im 9. Kapitel behandelt, vgl. u. S. 81 f.

scortis atque conviviis lubidinem habebant, igitur talibus viris non *labor* insolitus, non locus ullus asper aut arduos erat, non armatus hostis formidulosus: *virtus* omnia domuerat. So deutlich wie nirgends sonst bei Sallust ist hier der Inhalt der römischen *virtus* umschrieben: es ist die harte Leistung des Soldaten, die jegliche Mühsal erträgt, alle Schwierigkeiten überwindet und jedem Feind standhält, tapferes Durchhalten und zähe Kraft in einem. Es ist die Energie, die alle Widerstände bricht oder sie tapfer trägt, sich von ihnen jedenfalls niemals zu Boden werfen läßt. Diese Aktivität im Ertragen ist es, die den Begriff virtus vor allem auszeichnet. Als das Erstaunliche an der römischen Geschichte bezeichnet Sallust C 53, 3: parva manu cum magnis legionibus hostium contendisse . . . parvis copiis bella gesta cum opulentis regibus, ad hoc saepe fortunae violentiam toleravisse. 'Es war mir gewiß, daß alles dieses die hervorragende virtus einiger weniger Bürger vollbracht hat.' Ihre virtus zeigte sich also nicht nur im Kampf gegen einen zahlenmäßig und materiell überlegenen Feind, sondern auch darin, daß sie der widrigen Gewalt des Schicksals standhielten. Wie virtus sich im Erleiden von labores und pericula bewährt, so auch in der ungebrochenen Haltung einem bösen Schicksal gegenüber. Virtus ist zugleich patientia[1]). Schon hier spricht die Gesinnung des virgilischen superanda omnis fortuna ferendo est (A 5, 710) und des livianischen et facere et *pati* fortia Romanum est (2, 12, 9), zu uns. KNOCHE, Magnitudo animi, Philol. Suppl. 27, 3 (1935) 45 ff. hat gezeigt, daß der Begriff der magnitudo animi (neben der Bedeutung clementia) die Bedeutungen fortitudo (oder virtus) und patientia in sich vereine und diese Vereinigung schon in der

---

[1]) Über die altrömische virtus MEISTER, Die Tugenden der Römer 6ff., KLINGNER, Antike 8, 1932, 153. HEINZE, Vom Geist des Römertums, 279f. ROLOFF, Maiores, bei Cicero, Dissertation Göttingen 1938, 32, 3. Eine Spezialuntersuchung, die sehr wünschenswert wäre, existiert meines Wissens nicht. Auch bei Burck in HEINZE, Vom Geist des Römertums, S. 284, wo eine nützliche Zusammenstellung der begriffsgeschichtlichen Untersuchungen der letzten Jahre gegeben wird, findet sich eine solche nicht erwähnt. Nur dem Titel nach bekannt ist mir M. Th. Le Bon, Virtus, Revue Belge de philologie 1936, 1240. [Korrekturzusatz: auf den wichtigen Aufsatz von K. BÜCHNER, Altrömische und horazische virtus, Antike 1939, 145ff., kann ich nur noch hinweisen.] — Das Substantiv patientia in diesem Sinne begegnet bei Sallust freilich nicht, öfters dagegen das Adjektiv patiens: corpus patiens inediae algoris vigiliae (C 5, 3), belli (C 7, 4), militiae (J 63, 3), laborum (J 17, 6. 28, 5), neque periculi neque laboris (J 44, 1).

stoischen μεγαλοψυχία vorgebildet gewesen sei. Die gleiche Verbindung der fortitudo (quae venientibus malis obstat) und der patientia (quae quod iam adest tolerat et perfert), die Cicero (part. or. 77) für die magnitudo animi ausdrücklich bezeugt, liegt im Begriff der virtus vor, wie er im Sallust begegnet: virtus ist patientia und fortitudo in einem. Ja, die patientia, die Härte des sich Behauptens, die Aktivität im Erleiden von labores, das gleichsam defensive Element, ist für Sallust das Hauptcharakteristikum des römischen Virtusbegriffes, was sich bei der Betrachtung der Kampfschilderungen im Jugurtha bestätigen wird. Dies ist es, was römisches Empfinden von einem Manne erwartet, dies ist 'mannhafte Haltung', virtus [1]). Dieser ursprüngliche Wortsinn [2]) ist (bis auf die

[1]) Von dieser ungebrochenen Haltung der alten Römer redet Sallust auch ep. ad Caes. 2, 10, 7: maiores nostri, cum bellis asperrumis premerentur, equis viris pecunia amissa, numquam defessi sunt armati de imperio certare. non inopia aerarii, non vis hostium, non adversa res ingentem eorum animum subegit, quin, quae virtute ceperant, simul cum anima retinerent. atque ea magis fortibus consiliis quam bonis proeliis patrata sunt: virtus und fortitudo zeigt sich nicht nur im Kampf der Waffen; vgl. Polyb. 6, 58 über das στάσιμον καὶ μεγαλόψυχον der Römer nach Cannae, hierüber auch Liv. 22, 61, 14.

[2]) Vgl. Cicero Tusc. II 43: atqui vide, ne, cum omnes rectae animi adfectiones virtutes appellentur, *non sit hoc proprium nomen omnium, sed ab ea quae una ceteris excellebat, omnes nominatae sunt.* appellata est enim ex viro virtus; viri autem propria maxime est fortitudo, cuius munera duo sunt maxima: mortis dolorisque contemptio. utendum est igitur his, si virtutis compotes vel potius si viri volumus esse, quoniam a viris virtus nomen est mutuata. H. Haas, Virtus Tacitea, Das Gymn. 1938, 163ff. sucht wahrscheinlich zu machen, daß virtus ursprünglich der »freie Mannesstand« geheißen habe. Er stützt diese Vermutung auf die Analogie zu iuventus, senectus, servitus (neben virtus die einzigen Substantive des -tut- Typus im Lateinischen), die ursprünglich ebenfalls einen Stand bzw. eine Altersklasse bezeichnet hätten. Diese zweifellos für die Ergründung der ursprünglichen Bedeutung des Wortes entscheidend wichtige Analogie zwingt aber vielmehr zur umgekehrten Schlußfolgerung. Servitus nämlich bedeutet schon seit den ältesten Belegen und in der weitaus überwiegenden Mehrzahl der Fälle »Knechtschaft«, »Zustand des Sklaven«, auch »Haltung des Sklaven« (»Unterwürfigkeit« gelegentlich bei Plautus), höchst selten »Stand der Sklaven«, senectus immer »das Greisenalter«, auch »Haltung des senex« (Hor. epod. 13, 5; Val. Flacc. 6, 287), keineswegs »Stand oder Altersklasse der Greise«, einzig bei iuventus erscheint die Bedeutung »junge Mannschaft« in älteren Belegen als die Bedeutung »jugendliches Alter« und geht immer neben ihr her und ist sogar die häufigere. Bedeuten aber virtus, servitus, senectus »Zustand, Haltung des vir, servus, senex«, dann wird man eher annehmen, daß auch iuventus ursprünglich den »Zustand des iuvenis«, nicht den »Stand der iuvenes« bedeutet habe, als daß virtus den »Stand der Männer« bezeichnet hätte. Zur

noch zu nennenden Ausnahmen) bei Sallust immer gegenwärtig. Häufig kann man es mit »Tapferkeit« übersetzen. Nur muß man sich bewußt sein, welches die besondere Nuance dieser Tapferkeit ist. Es ist die Tapferkeit, die nicht nur den Ansturm des Feindes, sondern auch alle labores mannhaft auf sich nimmt und besteht. Ohne diese ihr eigentümliche Nebenvorstellung kann man den Gehalt, den dieser Begriff der virtus hat, nicht fassen, wie überhaupt alle moralischen und politischen Wertbegriffe nur durch Klärung der ihnen gleichsam anhaftenden Assoziationen in ihrer Eigenart erfaßt werden können. Die enge Verbindung von virtus und labor bei Sallust wird auch sonst bestätigt. Dem »Manne« ziemt labor[1]), sagt Marius im Jugurtha an einer Stelle, wo die Verbindung von virtus und vir bewußt zur Geltung kommt (85, 40) [2]). *Virtus, vigilantia*[3]), *labor* apud Graecos nulla sunt heißt es in dem älteren

---

zwingenden Gewißheit wird die Annahme, daß diese Substantive ursprünglich einen Zustand oder eine Haltung bezeichneten, wenn man sich die Bedeutung des -tut-Suffixes in anderen idg. Sprachen vergegenwärtigt. Nach K. Brugmann, Vergleichende Laut-, Stammbildungs- und Flexionslehre der idg. Sprachen II 1[2], Straßburg 1906, 453ff. bezeichnet av. gadotut (zu gada Räuber) nicht nur »Räuberbande«, sondern auch »Räubertum«, nach H. Petersen, Kelt. Grammatik II, Göttingen 1913, 40ff., § 386 werden mit dem Suffix -tut- im Britischen die Bezeichnungen u. a. für folgende Begriffe gebildet: Gesundheit, Krankheit, Kindheit, Tapferkeit, Fähigkeit, Gottheit, Reinigkeit bzw. Heiligkeit, Schwäche, Stärke, Jugend, also immer für einen Zustand, eine Eigenschaft oder eine Haltung, nie für einen Stand. Wir dürfen daher mit Sicherheit annehmen, daß virtus schon von Anfang an »die Haltung des vir« bezeichnet hat.

[1]) Selbstverständlich steht auch unter den Tugenden der römischen Frau labor im Vordergrund. Es sei nur an die Lobesattribute auf römischen Grabsteinen bona lanifica, lanam fecit usw. erinnert.

[2]) Da er kurz zuvor gesagt hatte (85, 38): »Mannhaftigkeit (virtus) haben sie ihren Nachfahren nicht hinterlassen, und das konnten sie auch nicht: denn sie kann nicht zum Geschenk gegeben oder genommen werden«, ist deutlich, daß die Ableitung virtus von vir bewußt ist. Vgl. auch or. Lep. 15: estne *viris* reliqui aliud quam solvere iniuriam aut mori per *virtutem*?

[3]) Vigilantia, der »Verzicht auf (langen) Schlaf«, gehört wie labor und industria zum Begriffskreis um virtus. C 52, 29 (Catorede) wird das *vigilare*, agere und bene consulere der socordia, ignavia (§ 29), inertia und mollitia animi (§ 28) gegenübergestellt. Das lange Schlafen wird oft als unmoralisch hervorgehoben: Sall. C 13, 3 dormire prius quam somni cupido esset. C 2, 8: multi mortales dediti ventri atque somno. Cic. Att. I 14, 6: somni plenus neben iners, imperitus, ἀπρακτότατος. Verg. G I 124. Hor. ep. I 2, 30. Vell. Paterc. II 41, 2. Juvenal 6, 286ff., vgl. auch Vergil G I 313: quid dicam quae *vigilanda viris*? Ciris 46: haec accipio dona meo multum *vigilata labore*.

Brief an Caesar (2, 9, 3). Auch ein argumentum ex contrario darf angeführt werden: das Gegenstück zu virtus ist ignavia: ne illi falsi sunt, qui divorsissumas res pariter exspectant, *ignaviae* voluptatem et praemia *virtutis*. Ignavia ist ebensowenig bloß »Feigheit« wie virtus bloß »Tapferkeit« ist. Ignavia ist untätiges weibliches Zagen, Energielosigkeit, virtus nie erlahmende Tatkraft, mannhafte Energie [1]). Ein anderes Gegenstück zu virtus ist inertia, das nicht »Unsittlichkeit«, sondern »Untätigkeit« bedeutet und der ignavia nahe kommt: ac me quidem mediocris dolor angeret, si *virtute* partam victoriam per servitium exercerent. sed homines *inertissimi* quorum omnis vis virtusque in lingua sita est etc. (ep. 2, 3, 5. 6). Im zweiten Brief an Caesar wird der Gegensatz zur virtus vielfach bezeichnet: durch desidia, inertia, stupor und torpedo, alles Begriffe, die die Unfähigkeit zum Handeln, die Willens- und Energielosigkeit ausdrücken [2]). Das Adjektivum zu virtus ist nicht ein Begriff, der das Sittliche (also etwa bonus, honestus oder probus) oder die Tapferkeit in einem engeren Sinne bezeichnet (also etwa fortis oder audax), sondern strenuus, »energisch«, »tatkräftig« (C 54, 6): (Cato) non divitiis cum divite neque factione cum factioso, sed cum *strenuo virtute*, cum modesto pudore, cum innocente abstinentia certabat. Diese Stelle zeigt besonders deutlich, daß virtus »mannhafte Energie«, »Tatkraft«, nicht allgemein »sittliche Haltung« bedeutet: virtus ist neben pudor (bzw. modestia) und abstinentia (bzw. innocentia) gleichsam eine Einzeltugend, nicht Tugend schlechthin [3]). Es ist einleuchtend, daß *virtus* als Gegensatz der Begriffe, die Untätigkeit bezeichnen, der *industria* sehr nahekommt, die in der Catorede als eine der drei Hauptursachen der Größe Roms genannt wurde. *Industria*, die 'Tatkraft', der 'beharrliche Arbeitswille', die 'Energie' erscheint denn auch mehrfach als Wechselbegriff der virtus [4]). Z. B. im Prooemium

---

[1]) Auch das Adjektivum ignavus bedeutet genau genommen weder »faul« noch »feig«, sondern »energielos«. Das Gegenteil ist strenuus, vgl. C 58, 1: neque ex ignavo strenuum.

[2]) Ep. ad Caes. 2, 8, 7: nam ii si *virtute* satis valent, magis aemuli bonorum quam invidi essent. quia *desidia* et *inertia*, *stupor* eos atque *torpedo* invasit, etc.

[3]) Vgl. auch J 85, 4: virtute ac innocentia, wo deutlich wird, daß virtus nicht etwa der Oberbegriff von innocentia ist.

[4]) Ein schönes Beispiel für die Bedeutung von industria J 76, 1: sed rex, nihil iam infectum Metello credens, quippe qui omnia, arma, tela, locos, tempora, denique naturam ipsam ceteris imperitantem *industria* vicerat, etc. (Der

des Jugurtha (u. S. 36) und im zweiten Brief an Caesar (2, 7, 7): quippe gloria *industria* alitur, ubi eam dempseris ipsa per se virtus amara atque aspera est. In dem Sinne von »Tatkraft«, »Energie«, »Tapferkeit« ist virtus von Sallust so gut wie ausnahmslos gebraucht. Fast nie ist es, wie bei Cicero so oft, gleich Arete im Sinne der griechischen Philosophie. Zwar hat im Gegensatz hierzu EGERMANN, Die Prooemien des Sallust, SWA 1932, S. 8, die virtus bei Sallust als die Kraft bezeichnet, die mit ihren verschiedenen Äußerungen (ingenio, sapientia; aequitate, iustitia; continentia; industria, labore; religione; audacia; fortiter agendo, bene consulendo) das Leben leite. Noch deutlicher sagt er S. 13: »virtus bei Sallust ist der Wille und die Fähigkeit des von gewissen Rechtsgrundsätzen geleiteten, energischen, zielbewußten Denkens und Handelns, und ihrer Erscheinungsformen sind viele. Sie lehrt die Menschen als sapientia . . . als die Fähigkeit des guten Ratschlusses . . . als industria und labor . . . als continentia . . . als religio . . . als audacia . . . als iustitia und aequitas . . . als fides . . .« Er setzt also auch für Sallust, ohne sich dessen bewußt zu werden, virtus mit Arete gleich. Er faßt sie als die Gesamttugend, die alle Einzeltugenden in sich schließt. Diese Auffassung ist irrig. Sie verkennt, daß die Prooemien, aus denen Egermann den Bedeutungsgehalt des sallustischen Virtusbegriffes abzuleiten sucht, im Rahmen des Gesamtwerkes eine Sonderstellung einnehmen und eine im folgenden näher gekennzeichnete Abweichung von der altrömischen Gesinnung zeigen, die Sallust sonst an den Tag legt[1]. Der Virtusbegriff der Prooemien darf schon darum nicht ohne weiteres mit dem sallustischen Virtusbegriff schlechthin gleichgesetzt werden. Ferner aber überwiegt auch in den Prooemien der

---

Gedanke des Sieges über die Natur findet sich wieder im Agricola des Tacitus an einer Stelle, wo die beiden Seiten römischer virtus besonders deutlich zutage treten, c. 33: tot expeditionibus, tot proeliis, seu *fortitudine adversus hostes* seu *patientia ac labore paene adversus ipsam rerum naturam* opus fuit, neque me militum neque vos ducis paenituit). Auch in der Charakteristik Sullas, wo es heißt: illi numquam super industriam fortuna fuit (J 95, 4), erscheint industria als Äquivalent der virtus, die ja sonst der fortuna gegenübergestellt zu werden pflegt. Auch bei Tacitus Ann. 3, 55 ist industria und fortuna verbunden. Der urrömische Begriff der industria würde ebenfalls eine Sonderuntersuchung verdienen.

[1]) EGERMANN ist umgekehrt bemüht, die Übereinstimmung mit dem Gesamtwerk hervorzuheben.

»altrömische« Virtusbegriff in dem von uns gekennzeichneten Sinn. Eine Prüfung sämtlicher Belege einschließlich der Prooemien ergibt, daß Sallust *virtus* nur an zwei oder drei Stellen des Catilinaprooemiums und an einer Stelle im geschichtsphilosophischen Abschnitt des Catilina in einer Weise verwendet hat, daß man es als Übersetzungslehnwort von Arete ansprechen könnte, gewiß nicht zufällig also in solchen Partien, wo der Einfluß griechischen Denkens stärker ist als in anderen Teilen des Werkes. J 4, 1 wird virtus im Sinne der Arete eines Dinges verwandt: cuius (sc. memoriae rerum gestarum) de *virtute* multi dixere [1]). Im Catilinaprooemium 1, 5 bedeutet virtus animi nicht »mannhafte Gesinnung«, »Charakterstärke«, wie es nach dem römischen Gebrauch zu erwarten wäre [2]) und auch bei Sallust vorkommt (C 53, 1: virtutem animi, sc. Catonis, ad caelum ferunt), nicht »die Kraft der *Seele*«, sondern »die Kraft des *Geistes*«. Darin liegt aber m. E. nur eine leichte Abweichung von dem sonst üblichen Gebrauch. Denn die hier gemeinte Geisteskraft, die sich im Krieg in den Entschlüssen äußert, ist von der *Seelenkraft* nicht streng zu trennen, sie ist nicht nur Scharfsinn, sondern auch Entschlußkraft. Virtus animi ist hier, mit Aristoteles zu reden, ebensosehr ἠθικὴ ἀρετή wie διανοητικὴ ἀρετή. Und die Bedeutung virtus = Kraft, Energie ist im altrömischen Virtusbegriff immer enthalten [3]). Im gleichen Zusammenhang erscheint dann virtus animi übrigens eindeutig als seelisch-charakterliche, nicht geistige Kraft in 2, 3 [4]): quod si regum atque imperatorum animi virtus in pace ut in bello valeret, aequabilius atque constantius sese res humanae haberent. Auch hier freilich möchte LATTE (S. 49) eine Bedeutung annehmen, die mit der von uns gekennzeichneten nicht mehr ganz übereinstimmt, wenn er »moralische Tüchtigkeit« übersetzt. Doch dürfte auch hier die Übersetzung »mannhafte Haltung«, »Tatkraft«, »Charakterstärke« das Richtige treffen. »Wenn der Feldherrn und Könige mannhafte Gesinnung im Frieden ebenso mächtig wäre wie im Krieg, wären die menschlichen Verhältnisse ausgeglichener und

[1]) In diesem Sinn als Übersetzungslehnwort schon bei Cato De agr. 1, 2 (praedium) solo bono sua *virtute* valeat.

[2]) Z. B. Cic. Phil. 14, 4: Hirtius, cuius imbecillitatem valetudinis *animi virtus* ... confirmavit.

[3]) Vgl. die Etymologie bei Isid. 18, 22 und 11, 2, 17.

[4]) Auf den Unterschied der beiden Bedeutungen hat LATTE, Sallust, 49 aufmerksam gemacht.

beständiger. Denn die Herrschaft wird mit Leichtigkeit durch die Tugenden (artibus) erhalten, durch die sie erworben wurde [1]). Sobald aber statt Arbeit Faulheit, statt Enthaltsamkeit und Gerechtigkeit Gier und Dünkel eintreten, ändert sich mit den Sitten das Schicksal«. Immerhin scheint hier die mannhafte Haltung nicht nur labor zu umfassen, der an erster Stelle genannt wird und im Kriege am wichtigsten war, sondern auch Enthaltsamkeit [2]) und Gerechtigkeit, was sich sonst bei Sallust nicht nachweisen läßt. C 11, 1, wo von der ambitio gesagt wird: tamen vitium propius virtutem erat, ist virtus vielleicht im neutralen Sinn von Arete zu fassen, ohne daß man den besonderen Gehalt des römischen Begriffes annehmen müßte. Indes könnte man hier auch anderer Ansicht sein. Handelt es sich doch gerade um die ambitio, die der römischen tätigen und vom Streben nach wahrem Ruhm geleiteten virtus in der Tat nahesteht. Der Plural virtutes als Entsprechung der griechischen ἀρεταί, der bei Cicero häufig, aber auch schon bei Plautus zu belegen ist [3]), kommt bei Sallust

---

[1]) Der Gedanke griechisch, z. B. bei Polybios 10, 36, 5.

[2]) Daß der eine Gegensatz der Enthaltsamkeit, die avaritia, (der andere ist lubido oder luxuria) die virtus schwäche, ist in den Worten 11, 3: avaritia ... corpus animumque *virilem effeminat* implicite enthalten, vgl. auch die Erörterung dieser Stelle bei Gellius NA 3, 1.

[3]) Capt. 997. Trin. 337. Besonders deutlich ist die »griechische« Bedeutung Rud. 316ff.:

Trach. Ecquem
recalvom ac Silanum senem, statutum, ventriosum,
tortis superciliis, contracta fronte, fraudulentum ...
Pisc.
Cum istius modi *virtutibus* operisque natus qui sit,
eum quidem ad carnificem est aequius quam ad Venerem commeare.

Amphitruo 925 ist es gar von der pudicitia gebraucht:

Alc. Ego istaec feci verba virtute irrita. Doch sind von den Fällen, die das Lexicon Plautinum von LODGE unter virtus = mores (praecipue boni), probitas, honestas einordnet, die meisten wahrscheinlich vielmehr dem altrömischen Virtusbegriff, wie wir ihn charakterisiert haben, zuzuweisen (von Lodge mit fortitudo, firmitudo animi; animi vis, potentia umschrieben). Sie bezeichnen nicht probitas, honestas, sittliche Haltung schlechthin, sondern »Mannhaftigkeit«, »Tatkraft« usw. (Schon Forcellini bemerkt von der virtus: differt autem plurimum a probitate). Ihr Gegensatz ist nicht turpitudo oder sonst ein Begriff, der die Unsittlichkeit bezeichnet, sondern desidia, ignavia, also »Untätigkeit«, »Faulheit« usw. So z. B. Most. 139, 144, wo die ignavia (v. 137), oder Trin. 645f. und Bacch. 1083—1085, wo der Gegenbegriff der desidia in unmittelbarer Nähe steht. — Ich kann hier leider auf eine genaue Interpretation dieser

bezeichnenderweise überhaupt nicht vor. Nie sagt er, wie Cicero so oft, moderatio, iustitia oder fortitudo seien virtutes. Was Cicero z. B. in der Pompeiana in dem Abschnitt über die virtus des Pompeius als virtutes imperatoriae bezeichnet (§ 29): labor in negotiis, fortitudo in periculis, industria in agendo, celeritas in perficiendo, consilium in providendo, aber auch innocentia, temperantia, fides, facilitas, ingenium, humanitas (§ 36), hätte Sallust artes oder artes bonae genannt [1]). Virtus bedeutet bei Sallust vielmehr, von den genannten Ausnahmen abgesehen, stets die tapfere Haltung in Krieg und Frieden, die mit labor und industria eng verknüpft ist. Es liegt in der Natur der Sache, daß das Wort — wie in der angeführten Stelle aus dem Catilina — in der weitaus überwiegenden Mehrzahl der Fälle von der kriegerischen Tapferkeit und der Leistungskraft des Soldaten gebraucht wird, weil sich diese Haltung im Feld, wo sie auf die härteste Probe gestellt wird, am glänzendsten bewährt. Über fünfzig Mal erscheint es in solchem Zusammenhang. Auch labor hat bei Sallust vorwiegend den Sinn: »harte Arbeit, Strapazen im *Krieg*« [2]). Im Krieg war die Verbin-

---

und anderer Stellen nicht eingehen, die, wie ich glaube, zu einer Korrektur der Auffassung von Lodge führen würde. Der weitaus überwiegende Sprachgebrauch entspricht jedenfalls (auch in der Anordnung, die Lodge trifft) dem Virtusbegriff, wie er bei Sallust vorliegt. Virtus ist also schon an einigen Stellen des Plautus zweifellos Übersetzungslehnwort der Arete. Ebenso in den Scipioneninschriften CIL I² n. 11 und n. 15, wo *virtutes* = ἀρεταί ist. Am deutlichsten aber ist die Einwirkung des Aretebegriffes der griechischen Philosophie in dem Luciliuszitat (1326ff. Marx), das uns Lactanz Inst. Div. VI 5, 2 aufbewahrt hat. Die Definition der virtus, die Lucilius hier gibt, hat schon Lactanz a. O. zutreffend mit Panaitios in Verbindung gebracht: ab his definitionibus quas poeta breviter comprehendit, Marcus Tullius traxit officia vivendi Panaetium Stoicum secutus. Dies ist der Grund, warum diese Luciliusstelle in einer Betrachtung der virtus als *römischer* Tugend keinen Platz hat (Egermann a. O. 14, 1 hingegen findet es unverständlich, daß dieses Fragment bei Meister, Tugenden der Römer, 1930, nicht verwertet sei).

[1]) Vgl. z. B. C 2, 4: nam imperium facile iis *artibus* retinetur, quibus initio partum est. J 1, 3: neque fortuna eget, quippe quae probitatem industriam aliasque *artis bonas* neque dare neque eripere quoiquam potest. C 10, 3: nam avaritia fidem probitatem ceterasque *artis bonas* subvortit. J 28, 5 spricht Sallust von den artes bonae des Feldherrn Calpurnius Bestia: patiens laborum, acri ingenio, satis providens, belli haud ignarus, firmissimus contra pericula et insidias. Der Ausdruck artes hierfür begegnet auch bei Cicero, z. B. gerade an der zitierten Stelle der Pompeiana (§ 36).

[2]) In den Tusculanen erklärt Cicero den Unterschied zwischen labor und dolor, laborare und dolere, der im Griechischen, wie er sagt, nicht besteht

dung von virtus und labor am greifbarsten verwirklicht. Von hier hat sie wohl auch bedeutungsgeschichtlich ihren Ausgang genommen. Aber sie greift über das militärische Gebiet weit hinaus. Sie bewährt sich im Frieden ebenso wie im Krieg, im politischen Kampf ebenso wie vor dem Feind. Doch stets hat sie auch hier die Bedeutung »Mannhaftigkeit«, »Tapferkeit«, »Tatkraft«. Die soldatische Haltung wird zur römischen Haltung schlechthin.

In dieser fast ausschließlichen Bedeutung des Begriffes virtus weicht Sallust nicht nur von Cicero, sondern auch von Livius und Tacitus und, soweit ich sehe, überhaupt der gesamten lateinischen Prosa-Literatur nach Cicero ab. Überall hat virtus neben der Bedeutung, die sich im Sallust findet, auch die Bedeutung »Tugend« schlechthin. Die Bedeutung aber, die bei Sallust vorliegt, muß die

(o verborum inops interdum quibus abundare te semper putas, Graecia!, II 35. Wie bezeichnend übrigens, daß das Römertum den eigentümlich unterschiedenen labor geprägt hat.) Für labor und laborare wählt er hierbei die Beispiele ganz unwillkürlich aus dem Kriegsleben (II 35): cum varices secabantur C. Mario, *dolebat*; cum aestu magno ducebat agmen, *laborabat*. II 37 wird der labor des römischen Soldaten beschrieben: nostri exercitus primum unde nomen habeant, vides; deinde qui labor quantus agminis: ferre plus dimidiati mensis cibaria, ferre, si quid ad usum velint, ferre vallum; nam scutum, gladium, galeam in onere nostri milites non plus numerant quam umeros, lacertos, manus: arma enim membra militis esse dicunt. Auch in De rep. hat Cicero über den labor der Soldaten gesprochen, wahrscheinlich im 4. Buch (vgl. IV 5). Denn POHLENZ (Tusculanen-Kommentar II 37) vermutet mit Recht, daß das für Cicero bezeugte Fragment, das er zu der angeführten Stelle zitiert, aus De rep. stammt. Da es in den Ausgaben von Ziegler und Castiglioni übersehen wurde und auch mir in meiner Arbeit über Ciceros De rep. entgangen ist, nehme ich hier Gelegenheit, darauf hinzuweisen. Es lautet: φησὶ γὰρ (von den römischen Soldaten) τὰ μὲν ὅπλα οὕτως φέροντας ἀχωρίστως σχεῖν ἀεὶ οἱόν τινα μέλη τοῦ σώματος οἰομένους καὶ πρός γε τροφὴν σφισι πέντε ἀποχρῶσαν ἡμέρας, ἀνάγκης τε ἄνευ τινὸς καὶ εἰ παρεῖναι συμβαίνοι νωτοφόρα ζῷα ὃ συνηθείᾳ μακρᾷ βεβαιωθὲν νόμος παρ' αὐτοῖς ἐγένετο (MAI Coll. scr. vet. II 593). Über die römische ταλαιπωρία bei der Schanzarbeit Polyb. 6, 42. — Labor ist so sehr das Hauptmerkmal soldatischen Daseins, daß es im späteren Latein ohne Zusatz den Kriegsdienst bezeichnen kann. Von den Märtyrern Victor, Nabor und Felix, die als Soldaten zum Christentum übergetreten waren, singt der Hymnus des Ambrosius (9, 17 ff.):

profecit ad fidem *labor*
armisque docti bellicis
pro rege vitam ponere
didicere pro Christo pati

(didicere FUCHS, Herm. 1933, 348 einleuchtend für überliefertes decere. Dort sind auch die Ausgaben zitiert).

altrömische sein. Denn sie entspricht dem ursprünglichen Wortsinn. Sie ist die bei Cato in den Reden und im Geschichtswerk[1]) und bei Ennius und auch Virgil ausschließlich belegte [2]). Wohl findet sich schon bei Cato der Plural virtutes (p. 19, 15 Jordan): Leonidas Laco, qui simile ad Thermopylas fecit, propter eius *virtutes* omnis Graecia gloriam atque gratiam praecipuam claritudinis inclitissimae decoravere monumentis etc. Virtutes aber heißt hier soviel wie »Taten der virtus« und ist den Pluralen zuzuordnen, die Löfstedt, Synt. I 30 f. (abstracta, die wiederholte Vorgänge bezeichnen) beschreibt [3]). Am nächsten von den bei Löfstedt zitierten Beispielen steht Cicero De off. I 78: sunt igitur domesticae *fortitudines* non inferiores militaribus [4]).

Mit dieser (im Vergleich zu dem entwicklungsgeschichtlich jüngeren Gebrauch) spezielleren Bedeutung des Begriffes hängt es zusammen, daß fortitudo nur dreimal vorkommt (virtus, wie gesagt, fünfzig Mal). Dieser Begriff tritt das Erbe des altrömischen Virtusbegriffes in dem Maße an [5]), als virtus sich mehr und mehr

---

[1]) Über De agr. o. S. 18, 1.

[2]) Doch ist sie schon bei Plautus und in den Scipioneninschriften gelegentlich als Übersetzung der griechischen Arete verwendet: S. 19, 3.

[3]) Virtutes »Heldentaten« nicht selten bei Plautus, z. B. Miles 12: Mars . . . haud ausit . . . aequiperare suas *virtutes* ad tuas. Curc. 179: sibi sua habeant regna reges . . . sibi honores, sibi *virtutes*, sibi pugnas, sibi proelia. Ferner Virgil Aen. I 565 (also möglicherweise Ennius): . . . quis Troiae nesciat urbem virtutesque virosque aut tanti incendia belli? Auch in der 4. Ekloge, V. 17: pacatumque reget patriis virtutibus orbem, ist es in diesem Sinn zu fassen. Dies sind die beiden einzigen Fälle, in denen der Plural bei Virgil erscheint.

[4]) Vopiscus, Prob. 1 hat, wo er Sallust frei zitiert, *virtutes* statt *virtus*. Sallust (C 8, 4): Eorum, qui ea fecere, virtus tanta habetur, quantum eam verbis potuere extollere praeclara ingenia. Vopiscus: certum est, quod Sallustius quodque M. Cato et Agellius historici sententiae modo in litteras rettulerunt, omnes omnium *virtutes* tantas esse quantas videri voluerint eorum ingenia, qui uniuscuiusque facta descripserint.

[5]) Und zwar wird er wie virtus auch für die »Tapferkeit« im politischen Kampf verwendet und mit labores und pericula verbunden (letzteres z. B. Cic. De rep. I 2). Virtus statt fortitudo als Übersetzung der griechischen ἀνδρεία taucht jedoch auch noch in später Zeit auf, z. B. Augustin Retract. I 6, 3, CSEL 36 p. 29:

. . . cum codices eiusdem interpretationis (des Buches der Weisheit) veriores habeant: sobrietatem enim et sapientiam docet et iustitiam et virtutem. his enim omnibus Latinus interpres quattuor illas virtutes, quae maxime in ore philosophorum esse adsolent, nominavit, sobrietatem appellans temperantiam, prudentiae imponens nomen sapientiam, *fortitudinem vero virtutis vocabulo enuntians*, solam iustitiam suo nomine interpretatus est.

mit dem Gehalt der griechischen Arete füllt, ohne daß jedoch fortitudo den Umfang der altrömischen virtus jemals erreichte. Denn die Entwicklung ist nicht so vor sich gegangen, daß virtus den ursprünglichen Bedeutungsgehalt verloren hätte. Virtus hat vielmehr den altrömischen Sinn, z. T. bis in die romanischen Sprachen hinein, beibehalten [1]). Und in der lateinischen Literatur ist dies immer die weitaus überwiegende Bedeutung geblieben. Bei Cicero ist in den Reden virtus unverhältnismäßig häufiger im 'römischen' als im 'griechischen' Sinn gebraucht [2]). In den philosophischen Schriften ist es naturgemäß anders. Doch steht, um ein besonders wichtiges Beispiel zu nennen, der Virtusbegriff des Prooemiums von Ciceros De rep., wo die aktive Teilnahme am politischen Leben gefordert wird, dem sallustischen Begriff insofern nahe, als virtus hier als etwas Aktives aufgefaßt wird: virtus in usu sui tota posita est; usus autem eius est maximus civitatis gubernatio etc. (De rep. I 2). Auch die Verbindung virtus und industria (die der Verbindung virtus und labor nahe verwandt ist) tritt hier auf: M. vero Catoni . . . quo omnes qui isdem rebus studemus quasi exemplari ad *industriam virtutemque* ducimur (De rep. I 2)[3]). Bei Virgil ist im Heldentum des Äneas virtus mit labor eng verbunden, so daß Äneas sich selbst am Ende der Äneis dem Ascanius mit den Worten zum Beispiel setzen kann:

disce, puer, *virtutem* ex me *verumque laborem*, fortunam ex aliis (A 12, 435). Schon am Anfang der Äneis klingen die labores an, die der Held in Kriegen und Irrfahrten erdulden muß, wo es dann heißt:

---

[1]) Virtù bedeutet nicht nur die 'Tugend', sondern auch die 'Kraft'. Bei Dante bezeichnet es meist die geistige und physische Kraft. Über die virtù bei Machiavelli sagt Villari, Machiavelli e i suoi tempi, II 280: 'la parola significa per lui sempre coraggio, energia così nel bene come nel male'. Wie virtus hat virtù, nach E. W. Mayer, Machiavellis Geschichtsauffassung und sein Begriff virtù, München und Berlin 1912, 21, ihren Gegensatz in der Schwäche und Energielosigkeit, it. viltà und in Begriffen wie ozio, debolezza, pusillanimità, effeminato, delicato. — Für die Entsprechungen von virtus in den andern rom. Sprachen gilt das gleiche.

[2]) Verbindung von virtus und industria z. B. Verr. III 154; IV 90. Mur. 16; Sest. 137. Cael. 76. Planc. 9. Phil. 13, 24. Virtus als Gegensatz von inertia z. B. Balb. 51.

[3]) Vgl. auch die unten S. 51, Anm. 2 zitierte Stelle der Sestiusrede. Ferner De rep. V 9: Tum *virtute, labore, industria* † quaereretur summi viri indolem, nisi nimis animose ferox natura illum nescio quo . . .

Musa, mihi causas memora, quo numine laeso
quidve dolens regina deum tot volvere casus
insignem pietate virum, tot adire *labores*
impulerit,

und die Einleitung mit den Worten abschließt:

tantae molis erat Romanam condere gentem.

Lucan läßt Cato zu Beginn des Zuges durch die Wüste, der die Vollendung und den Triumph der catonischen virtus darstellt, die Worte sprechen (9, 379 ff.):

o quibus una salus placuit mea castra secutis
indomita cervice mori, componite mentes
ad magnum *virtutis* opus *summosque labores*,

und als Wirkung faßt er zusammen:

sic ille paventis
incendit *virtute* animos et *amore laborum* [1]).

In Senecas Haltung ist das Motiv der heroischen Stärke des Ertragens, das im römischen und sallustischen Virtusbegriff eine so erhebliche Rolle spielt (vgl. S. 12 ff), zu großartiger Ausprägung

---

[1]) *Romani labores* als Inbegriff der römischen Geschichte Lucan 8, 620; vgl. auch Sil. Ital. Punica 3, 575: gens laeta domare *labores* (von den Römern). 580ff.: veneno desidiae *virtus* . . . senescit. *Magnae molis opus* multoque *labore* parandum tot populos inter soli sibi poscere regna.

Die Bedeutung der *arbeit* im deutschen Rittertum (über sie vgl. Ehrismann, Ritterliches Tugendsystem, Z. f. dt. Altertum 1919, 184 ff. 199 und Gertrud Schwarz, 'arebeit' bei mhd. Dichtern, Diss. Würzburg 1937) erwächst aus einem verwandten Empfinden. Daß hier zugleich eine Einwirkung des lateinischen labor-Begriffes und seiner Stellung in der römischen Moral vorliegt, scheint mir sicher. Noch einmal wiederholt sich hier der Vorgang, der das Verhältnis der römischen Moral zur griechischen bestimmte: wie einst die Römer griechische Begriffe aufnahmen und in ihre Sprache umsetzten, um ihrem eigenen Fühlen Ausdruck zu verleihen, so haben die Germanen vielfach lateinische Begriffe und Gedanken aufgenommen, soweit sie in ihnen Eigenes ausgesprochen fanden. Wie diese Übernahme erfolgt ist, wird im einzelnen nicht leicht festzustellen sein. Der Einfluß geht einmal durch die christliche Kirche, zweitens durch die antike römische Literatur, drittens durch die französische und provenzalische Dichtung, in der die römischen Begriffe ja ebenfalls (z. T. ganz unmittelbar im Lauf der natürlichen Sprachentwicklung) weiterwirken (vgl. hierzu Ed. Wechßler, Das Kulturproblem des Minnesangs I, 1909). Dieser komplizierte Sachverhalt wird oft verkannt. Z. B. hat Traub in seinen »Studien zum Einfluß Ciceros auf die höfische Moral«, Greifswald 1933, dies nicht berücksichtigt und den Einfluß Ciceros sicher weitgehend mit Recht, aber doch zu einseitig dargetan und ohne die Zwischenstufen zu berücksichtigen.

gelangt. Der Kampf, den diese virtus zu bestehen hat, ist nun nicht mehr so sehr ein Kampf gegen den Feind im Krieg und gegen die Widerstände in der politischen Wirklichkeit als der Kampf gegen die *fortuna*, die der Weise dadurch überwindet (vgl. wieder Virg. A 5, 710), daß er sie trägt, ein Zug, der schon bei Sallust als Charakteristikum des alten Römertums (fortunae violentiam toleravisse) in Erscheinung trat: Senecas virtus also hat, z. T. in enger Verknüpfung mit stoischen Gedanken, wesentliche Züge der altrömischen virtus bewahrt [1]). Die Verwandtschaft der virtus mit labor wird ausdrücklich bezeugt De ben. IV 2, 4: non indignor, quod post voluptatem ponitur virtus, sed quod omnino cum voluptate, contemptrix eius et hostis et longissime ab illa resiliens, *labori ac dolori* familiarior, *virilibus incommodis*, quam isti effeminato bono. Bei Horaz ist *inertia* das Gegenteil der virtus, d. h. virtus ist im altrömischen Sinn begriffen:

Paulum sepultae distat inertiae
celata virtus

(carm. IV 9, 29), und gleich darauf werden die labores des Lollius offensichtlich als Ausdruck seiner virtus genannt, die Horaz nicht »neidischem Vergessen« überantworten will.

---

[1]) Vielleicht am einprägsamsten ist der Kampf des Menschen gegen die Schläge des Schicksals in der kleinen Schrift de providentia geschildert und als etwas Großes verherrlicht. Der Virtusbegriff bei Seneca würde eine Sonderstudie erfordern. Der Held im tapferen Ertragen der labores ist oft geschildert, besonders schön z. B. am Beispiel des Socrates und Cato im 104. Brief. (Dort findet sich auch die Verbindung von *vir* und *labor*, die der Zusammengehörigkeit von *virtus* und *labor* entspricht: quid est, obsecro te, Lucili, cur timeat *laborem vir*, mortem homo? wie in Sallusts Marisurede J 85, 40: nam ex parente meo et ex aliis sanctis viris ita accepi, munditias mulieribus, *viris laborem* convenire). Als Definition der virtus bei Seneca sei eine Stelle aus dem 66. Brief angeführt (66, 6): animus intuens vera peritus fugiendorum ac petendorum, non ex opinione sed ex natura pretia rebus imponens, toti se inserens mundo et in omnes eius actus contemplationem suam mittens, cogitationibus actionibusque intentus, ex aequo magnus ac vehemens, asperis blandisque pariter invictus, neutri se fortunae summittens, supra omnia quae contingunt acciduntque eminens, pulcherrimus ordinatissimus cum decore tum viribus, sanus ac siccus, inperturbatus intrepidus, quem nulla vis frangat, quem nec attollant fortuita nec deprimant: talis animus virtus est. Neben dem Erkenntnismäßigen und dem sich Einfügen ist die Weltordnung, dem 'griechischen' Moment, ist das spezifisch 'römische' Element hier deutlich ausgeprägt. Über 'Seneca als Denker römischer Willenshaltung' Regenbogen, Antike 12, 1936.

Bei Tacitus schließlich ist dieser Gebrauch von virtus so vorherrschend, daß man sagen konnte, Tacitus habe das Wort virtus *immer* im altrömischen Sinne als die »tapfere, wackere, tatkräftige, unbeugsame Haltung des römischen Bürgers genommen, nicht als Gegenwert der Arete«, was m. E. in dieser Schärfe nicht ganz zutrifft[1]).

Um zusammenzufassen: 1. bei Sallust findet sich fast ausschließlich die altrömische Bedeutung des Begriffes virtus, 2. virtus ist nicht so sehr die sittliche Haltung als die tätige Bewährung, anders ausgedrückt: die sittliche Forderung, die der Begriff enthält, richtet sich auf eine unermüdliche und vor nichts zurückweichende Aktivität, 3. virtus ist nicht Oberbegriff: »Tugend« schlechthin, sondern, wenn man so will, Einzeltugend, nicht Arete, sondern »Mannhaftigkeit«, »Tapferkeit«, Energie»«.

Und doch ist es eine Tugend, die in gewisser Weise über allen anderen steht: sie beherrscht das *ganze* Leben, sie allein führt zum wahren Ruhm (Prooemien des Catilina und des Jugurtha)[2]). Sie

[1]) Klingner, Antike 1932, 153. In den Historien I 3 heißt es: non tamen adeo virtutum sterile saeculum, ut non et bona exempla prodiderit. Und als Beispiele dieser virtutes werden neben propinqui audentes, constantes generi, contumax etiam adversus tormenta servorum fides, supremae clarorum virorum necessitates, ipsa necessitas fortiter tolerata et laudatis antiquorum mortibus pares exitus, die dem altrömischen Begriff der virtus nahekommen, auch — und sogar an erster Stelle — die Mütter genannt, die ihre verbannten Kinder und die Frauen, die ihre Männer begleiteten. Die Tugenden aber, die diese Frauen erfüllen, sind fides erga coniugale vinculum (Augustinus im Referat von Ciceros De rep. IV, Aug. epist. 91, 3 = CSEL 34, 428, 21) und pietas, also virtutes, die unter den Begriff der griechischen ἀρετή (soweit man überhaupt sagen kann, daß so spezifisch römisch gefärbte Tugenden wie fides und pietas in den griechischen ἀρεταί einbegriffen werden können), nicht aber der altrömischen virtus fallen. — Noch deutlicher spricht Agricola 4 gegen Klingners Auffassung: pater illi Iulius Graecinus ... *studio eloquentiae sapientiaeque* notus, iisque ipsis *virtutibus* iram Gai Caesaris meritus. Ebenso c. 44: et vera bona quae in *virtutibus* sita sunt impleverat. Auch c. 46: nosque ... ad contemplationem *virtutum* tuarum voces ... kann ich nicht anders als »Tugenden« (nicht »Heldentaten«) verstehen, zumal ja hier ausdrücklich die Frauen in die contemplatio virtutum einbezogen sind: ebenso wohl A II 73 Finis (sc. Germanici) per laudes ac memoriam virtutum eius celebre fuit. Zum Begriff der virtus bei Tacitus vgl. jetzt vor allem H. Haas, Virtus Tacitea, Hum. Gymn. 1938, 163 ff.

[2]) Weil virtus eine so hervorragende Sonderstellung einnimmt, war sie geeignet, sich zum Äquivalent der griechischen Arete zu entwickeln. Meister, Die Tugenden der Römer, 16: »Das Römervolk hat auf der Tugend, die in seinen Augen den höchsten Glanz hatte, den Begriff der sittlichen Vollkommenheit aufgebaut«. Vgl. auch S. 14, A. 2.

bedeutet einen höchsten Wert und schließt Anerkennung in sich ein, sie kann darum nie die Tatkraft eines Menschen bezeichnen, dem eine solche nicht zuteil wird. Es ist darum wohl kein Zufall, daß virtus dem Catilina und seinen Genossen nie zugesprochen wird [1]). Sie ist der Inbegriff männlicher Vollkommenheit und römischer Größe. Und wenn die Catorede industria, imperium iustum und den animus in consulendo liber neque lubidini neque delicto obnoxius und der geschichtsphilosophische Abschnitt des Catilina labor und iustitia als Ursachen der Größe Roms nennt (labor bzw. industria als Auswirkungen der virtus freilich immer an erster Stelle), so wird an einer anderen sehr markanten Stelle, dort, wo Sallust den Vergleich Caesars und Catos einleitet, *virtus* als die Hauptursache der Größe Roms bezeichnet (C 53, 2): sed mihi multa legenti, multa audienti, quae populus Romanus domi militiaeque, mari atque terra praeclara facinora fecit, forte lubuit attendere, quae res maxume tanta negotia sustinuisset. Sciebam saepenumero parva manu cum magnis legionibus hostium contendisse; cognoveram parvis copiis bella gesta cum opulentis regibus, ad hoc saepe fortunae violentiam toleravisse . . . ac mihi multa agitanti constabat *paucorum civium egregiam virtutem* cuncta patravisse eoque factum, uti divitias paupertas, multitudinem paucitas superaret.

Besonders deutlich ist die Sonderstellung der virtus in den Prooemien des Jugurtha und des Catilina. Wir müssen auf den Virtusbegriff dieser Prooemien noch näher eingehen und die schon angedeutete Abweichung von dem sonst bei Sallust üblichen Gebrauch und überhaupt die Verknüpfung römischer Vorstellungen mit griechischen, die ja hier mit Händen zu greifen ist [2]), genauer zu bestimmen versuchen.

Der Virtusbegriff ist hier mit dem Gesamtsinn der Prooemien so eng verbunden, daß es nötig ist, von diesem auszugehen. Die Prooemien haben den Zweck, die historiographische Tätigkeit des

---

1) Nur er selbst schreibt sich virtus zu, vgl. o. S. 6.

2) Hierin sind sich Egermann und Pantzerhielm, The prologues of Sallust, Symb. Osl. 15—16, 1936, p. 140—162, einig. Im übrigen hat P. in der Betonung des stoischen Einflusses zweifellos recht. Sein Nachweis, daß auch die platonischen Reminiszenzen nicht direkt aus Plato stammen, sondern durch ein stoisches Medium, wahrscheinlich Poseidonios, reflektiert sind, scheint mir unwiderleglich.

Sallust zu verteidigen [1]). Expressis verbis ist dies freilich erst in der in jeder Hinsicht ausgereifteren Einleitung zum Jugurthinischen Krieg [2]) ausgesprochen, wo sich Sallust ausdrücklich gegen jene wendet, die Schriftstellerei fern von den Geschäften der res publica als inertia schmähen. Doch läßt es sich auch für die Einleitung des Catilina beweisen.

Zunächst wird hier als Ziel menschlichen Strebens der Ruhm verkündet, zu dem allein virtus führt (nam divitiarum et formae gloria fluxa atque fragilis est, virtus clara aeternaque habetur). Dies ist als solches, wie Egermann mit Recht hervorhebt, echt römisch [3]). Was aber ist virtus nach altrömischer Auffassung und nach Sallusts Sprachgebrauch? Es ist die Kraft, die die harten

---

[1]) Dagegen sollen nach Egermann a. O. 10 die Prooemien »die Prinzipien der historischen Betrachtung Sallusts« entwickeln. Nach SCHANZ-HOSIUS liegt der Sinn der Prooemien darin, »Stimmung zu schaffen«. SEEL a. O. 66 meint, man müsse dem Urteil PETERS zustimmen, daß diese Partien »aus philosophischen Trivialitäten nicht eben geschickt zusammengesetzt seien und ... zeigten, daß er philosophische Studien nicht gemacht und nur nachgeahmt habe«. Es sei allerdings anzunehmen, daß Sallust hiermit etwas gewollt habe: »Es spricht sich hier Sallusts Gefühl für die Zwiespältigkeit und Polarität in allem Lebendigen aus, für den Kampf der Komponenten gegeneinander und die Schwierigkeit, sie in eine Resultante zusammengefaßt wirksam werden zu lassen« (!) Ganz verfehlt auch Pantzerhielm a. O. 142: That the two opening chapters of both bella are of nature purely philosophical and have no direct relation either to the subjects of the works themselves or *to historiography in general* is unquestionable. Er hat die Einheit der Prooemien, die im folgenden von uns dargelegt wird, nicht erkannt und den unhaltbaren Versuch unternommen, die Prooemien in einen Teil, der mit den Problemen der Geschichtsschreibung nichts zu tun habe (C 1. 2, J 1. 2), und einen Teil, der sich damit befasse (C 3. 4, J 3—4), auseinanderzureißen. Er hat es getan, um den Satz des Quintilian 3, 8, 9: Sallustius in bello Iugurthino et Catilinae nihil ad historiam pertinentibus principiis orsus est zu rechtfertigen. Diese Rechtfertigung ist aber, glaube ich, viel einfacher dadurch zu erreichen, daß man unter nihil ad historiam pertinere nicht versteht, daß die Prooemien mit Geschichtsschreibung überhaupt nichts zu tun haben, sondern daß sie sich nicht auf die historia belli Iugurthini bzw. Catilinae coniurationis beziehen. Weil dies auch Egermann verkannte, hat er a. O. 16 dem Quintilian vorgeworfen, daß er den Sinn der Prooemien nicht erfaßt habe. — Richtig beurteilt den Sinn der Prooemien Oppermann, Das neue Sallustbild, NJb 1935, 49: »Beide Einleitungen begründen, weshalb Sallust Historiker geworden ist.« Zum folgenden vgl. auch Latte, Sallust, Leipzig 1935, 49 ff.

[2]) Vgl. OPPERMANN, Das neue Sallustbild, NJb 1935, 49.

[3]) Wenn es sich auch mit Motiven und Argumenten aus der griechischen Philosophie verbindet.

Mühen des Lebens, vor allem die harten Mühen des Krieges, energisch meistert. Bei der virtus gar, *die Unsterblichkeit gewinnt*, wird ein Römer alten Schlages vor allem an kriegerische Heldentaten denken. Sallust aber sagt schon in den ersten Sätzen: mihi rectius videtur ingeni quam virium opibus gloriam quaerere. Er folgert das aus dem griechischen Gedanken, daß der Geist uns mit den Göttern, der Körper mit den Tieren gemeinsam sei [1]). Daß mit dem virium opibus vor allem auf kriegerische Heldentaten gedeutet wird, ist sicher. Wohl könnte man auch an die Tätigkeit des Bauern, des Seefahrers und des Baumeisters denken, von denen im folgenden die Rede ist (2, 7: quae homines arant navigant aedificant, virtuti omnia parent) [2]). Denn auch von ihnen kann man sagen, daß sie virium opibus ihr Werk verrichten, aber man kann nicht behaupten, daß sie virium opibus Ruhm gewinnen; denn sie erringen, wie Sallust dort zu verstehen gibt, keinen, oder wenigstens keinen großen Ruhm. Die Deutung von virium opibus auf kriegerische Taten wird auch durch eine Stelle aus Ciceros De officiis bestätigt, die sich im Gedanken eng mit Sallust berührt und gleichfalls dem Bestreben dient, der geistigen Leistung neben der militärischen Anerkennung zu erkämpfen. Sie stammt aus dem Abschnitt über die Frage, wie man sich Ruhm erwerben könne. Als erstes Mittel (unter dem Stichwort admiratio) wird der Kriegsruhm genannt (II 45): prima est igitur adulescenti commendatio ad gloriam, si qua ex bellicis rebus comparari potest. Größer aber als Kriegsruhm ist der Ruhm des Geistes: ut igitur in reliquis rebus multo maiora opera sunt animi quam corporis, sic eae res quas ingenio ac ratione persequimur, gratiores sunt quam illae, quas *viribus* (II 46). Cicero stellt also den Kriegsruhm dem Ruhm des Geistes gegenüber, d. h. er vertritt die Ansicht, daß kriegerische Taten im wesentlichen auf körperlichen Leistungen beruhen. Demgegenüber ist Sallust zwar ebenfalls bestrebt, den Kriegsruhm zu entwerten, aber nur soweit er corporis viribus erworben ist. Denn im zweiten Abschnitt (1, 5—2, 6) wird bewiesen, daß auch im Krieg nicht die Kraft des Körpers, sondern die virtus des Geistes

---

[1]) Andere Argumente aus griechischer Philosophie für den Vorrang des Geistigen im Prooemium des Jugurtha.

[2]) Diese Worte sind eine weitere Bestätigung für die oben begründete Auffassung, daß virtus 'tätige Kraft' bedeutet und mit labor, Arbeit und Anstrengung, unlösbar verknüpft ist.

entscheide. D. h. es kommt dem Sallust darauf an, die *geistige* Seite der virtus hervorzukehren. Zur virtus gehört auch, so heißt es dann weiter im dritten Abschnitt (2, 7—9), arare, navigare, aedificare, also sozusagen mehr körperliche Tätigkeiten. Denen aber folgt kein großer Ruhm [1]): der gehört einer ars bona oder einem praeclarum facinus.

Worauf will diese Entwertung der nicht geistigen Leistung im ersten und dritten Abschnitt, die Herabminderung der körperlichen Leistung im Krieg und die starke Hervorkehrung des Ruhmesgedankens im zweiten Abschnitt hinaus? Ich glaube, es ist völlig klar. Dies alles soll den Gedanken vorbereiten, daß der schriftstellerischen Tätigkeit des Sallust der Ruhm und das Verdienst einer solchen geistigen virtus gebühre. Der Aufbau des ganzen Prooemiums vom ersten Satz an ist darauf angelegt. Er ist das richtunggebende Thema des Ganzen.

Eine solche virtus, die sich in einer schriftstellerischen Tätigkeit nicht nur äußert, sondern erschöpft, liegt freilich, selbst nachdem die Bedeutung der virtus animi erwiesen ist, recht weit von dem altrömischen Virtusbegriff ab, und es scheint kühn, ihn auf solche geistige Tätigkeit zu übertragen. Sallust selbst gibt im folgenden, wo er zunächst ganz im Sinne seiner Beweisabsicht das bene dicere dem bene facere und den Schriftsteller dem Handelnden gleichstellt, dann doch zu, daß haudquaquam par gloria sequitur scriptorem et auctorem rerum: »Dennoch«, fährt er fort, »scheint es besonders schwer, Geschichte zu schreiben« (tamen in primis *arduom* videtur res gestas scribere) [2]). Mit dem Wort *arduom* ist der

---

[1]) Er sagt es nicht so unverblümt, sondern zwischen diejenigen, die sozusagen auf einer niedrigen Stufe die virtus verwirklichen (2, 7), und die, die sich fama praeclari facinoris aut artis bonae erwerben (2, 9), schiebt sich die (dritte) Gruppe derer ein, die ruhmlos sich dem Schlaf und dem Bauch widmen (2, 8). So scheint es, als bilde der Satz 2, 9: is demum mihi vivere et frui animo videtur usw., die Antithese zu den somno et ventri dediti. Aber es scheint nur so, in Wirklichkeit stellt sich Sallust durch diese Worte auch zu der ersten Gruppe in Gegensatz.

[2]) Arduom ist die Geschichtsschreibung, fügt Sallust hinzu, weil es schwer ist, die Worte den Taten anzugleichen, und weil der Leser zu der Annahme neigt, der Schriftsteller übertreibe gute und schlechte Eigenschaften (der Gedanke von Thuk. II 35, 2 nicht unbeeinflußt), d. h. weil es schwer ist, wirklich zu überzeugen. Sallust hat sich also nach seinem eigenen Zeugnis ganz bewußt darum bemüht, einen überzeugenden Ausdruck zu finden. Schon Quintilian hat ihm im übrigen bezeugt (Inst. or. 10, 3, 8), daß er sich das Schreiben nicht

Begriff der Schwierigkeit, der mühseligen Arbeit deutlich unterstrichen, der für die altrömische virtus so charakteristisch ist. Er will also damit sagen: Geschichtsschreibung ist, weil arduom, das Gegenteil von inertia [1]), von socordia und desidia [2]), d. h. sie ist labor und industria und das heißt eben eine Leistung der *virtus* im echten römischen Sinne. So bedeutet der Satz im Grunde soviel wie: »Eigentlich würde die Geschichtsschreibung besonderen Ruhm verdienen, weil sie die Anforderung, die an eine Leistung römischer virtus gestellt wird, in hohem Maße erfüllt«.

Im Schlußteil berichtet er dann noch von seinem vergeblichen Versuch, seine virtus im Dienste der res publica zu betätigen, und in einer römisch-stoischen Haltung, die fast etwas Posenhaftes hat und dazu dienen muß, seinen eigenen politischen Mißerfolg zu verbrämen, erklärt er, er sei dem Ehrgeiz in jugendlicher Verirrung erlegen und habe dem verdorbenen Staat gedient [3]), und weist

leicht gemacht habe: et sane manifestus est ex opere ipso labor. — Auch Tacitus bezeichnet die Geschichtsschreibung als labor (Ann. 4, 32): nobis in arto et inglorius labor.

[1]) Gegen diesen Vorwurf verwahrt er sich im Jugurtha-Prooemium.

[2]) C 4, 1: non fuit consilium socordia atque desidia bonum otium conterere.

[3]) Während nach stoischer Auffassung der »Weise am ehesten noch in solchen Staaten Politik treiben wird, die nach dem vollkommenen Staat tendieren« (Stob. Ecl. 2, 186). Die platonische Haltung des 7. Briefes, die hier zweifellos hineinspielt (G. L. Mollmann, Quatenus Sallustius e scriptorum Graecorum exemplo pendeat, Progr. Königsberg 1878. Egermann, SWA 1932, 27. Latte, Sallust, 45), ist also mit dieser stoischen Auffassung in eins verschmolzen. Die Bedeutung der stoischen Einwirkung hat Pantzerhielm mit Recht hervorgehoben (The prologues of Sallust, Symb. Osl. 15—16, 1936, 154), der auf die Parallele von Seneca De otio 3, 3 (si res publica corruptior est quam ut adiuvari possit, si occupata est malis, non nitetur sapiens in supervacaneum nec se nihil profuturus impendet) und J 3, 3 verweist (frustra autem niti neque aliud se fatigando nisi odium quaerere extremae dementiae est; nisi forte quem inhonesta et perniciosa lubido tenet potentiae paucorum decus atque libertatem suam gratificari). Sehr wichtig scheint mir ferner Seneca De otio 8, 1 f.: interrogo ad quam rem publicam sapiens sit accessurus. Ad Atheniensium, in qua Socrates damnatur, Aristoteles, ne damnaretur (damnetur Gertz), fugit? ... Si percensere singulas voluero, nullam inveniam, quae sapientem aut quam sapiens pati possit. Auch hier nämlich spielt der 7. Brief hinein: die Verurteilung des Sokrates wird als Grund dafür angeführt, daß der Weise sich vom athenischen Staat abwendet. Stoische und platonische Haltung sind also nicht nur bei Sallust verknüpft. Die stoisch-republikanische Gebärde des Sallust, der es ablehnt, der potentia paucorum »Würde und Freiheit« zu opfern (J 3), ist gewiß auch von der Haltung des Cato Uticensis und seiner Anhänger mit geformt. Auch das Bekenntnis des

den vom altrömischen Standpunkt naheliegenden Einwand, er hätte sich dann wenigstens dem Ackerbau — oder der Jagd [1]) — hingeben sollen, — denn wo hat sich altrömische virtus, labor und industria außer im Krieg sonst so hervorragend bewährt wie in der Arbeit des Bauern? — mit der sehr wenig römischen Bemerkung zurück, dies seien servilia officia [2]). Der Ackerbau war ja schon indirekt im zweiten Abschnitt entwertet worden.

Was ergibt sich hieraus für den Virtusbegriff des Catilina-Prooemiums? Liegt hier derselbe Begriff vor wie sonst im Sallust oder ist eine Verschiebung festzustellen? Ist hier virtus doch gleich Arete, ist es »sittliche Haltung« statt, wie sonst, »Mannhaftigkeit« und »Tatkraft«? Ich glaube, es kann kein Zweifel sein, Sallust geht hier wie sonst von dem römischen Virtusbegriff aus. Die Ablehnung des *untätigen* Lebens gleich in den ersten Sätzen (omnis homines, qui sese student praestare ceteris animalibus, summa ope niti decet, ne vitam silentio transeant veluti pecora [3])), die Bemerkung, daß Ackerbau, Seefahrt und Bautätigkeit der virtus

---

Sallust, in der Jugend dem Ehrgeiz verfallen gewesen zu sein, scheint mir 'stoische' Affektation zu verraten. Sallust ordnet sich so in die Bewegung der stoisch-republikanischen Opposition ein, die dann in der Kaiserzeit eine so große Bedeutung erlangen sollte. Dies ist wohl einer der Hauptgründe, weshalb Tacitus den Sallust so sehr schätzte.

[1]) Natürlich als Arbeit, die oft genug mit dem Beruf des Bauern verbunden gewesen sein wird (vgl. z. B. Seneca De const. sap. 2, 3: Cato non cum feris manus contulit, quas consectari *venatoris agrestisque* est, . . . cum ambitu congressus . . . et cum potentiae immensa cupiditate etc.), nicht als »Sport«. Vgl. auch Orth, RE IX 562.

[2]) Diese Behauptung ist ein starkes Stück. Cicero sagt umgekehrt: nihil est agri cultura melius, nihil uberius, nihil dulcius, nihil homine, nihil *libero* dignius (De off. I 151). Vgl. hierzu auch Latte a. O. 57 und Egermann a. O. 78 Anm. Diese Mißachtung des Bauernstandes ist im griechischen Denken auch der Stoa nicht selten gewesen, vgl. die Senecastelle der vorangehenden Anm. und Seneca ep. 88, 21: quattuor ait esse artium *Posidonius* genera: sunt vulgares et sordidae, sunt ludicrae, sunt pueriles, sunt liberales. vulgares opificum, quae manu constant et ad instruendam vitam occupatae sunt, in quibus *nulla decoris, nulla honesti* simulatio est.Der Gedanke ist also ein weiteres stoisches (posidonianisches) Element in den Prooemien. Es ist falsch, hierin (wie Latte) etwas spezifisch Sallustisches zu sehen.

[3]) Pantzerhielm a. O. und Rudberg (mündlich, von Pantzerhielm zitiert) sehen darin, wie ich glaube, mit Recht, einen Einfluß des Kampfes der Stoa gegen Epikur (λάθε βιώσας!). Aber wie im ersten Prooemium von Ciceros De rep. (wo daneben auch die Anschauung des Dikaiarch vom βίος πρακτικός mit hineinspielt) dienen diese griechischen Gedanken nicht dazu, den Streit der

gehorchen, spricht dafür, daß hier die Bedeutung der tätigen Kraft, die in der altrömischen virtus steckt, maßgebend ist. Aber Sallust ist bemüht, die geistige Seite dieser virtus, die virtus animi, als die entscheidende herauszustellen, um damit seine schriftstellerische Tätigkeit zu rechtfertigen, und damit vollzieht er allerdings eine gewisse Umwertung der altrömischen virtus. Er sucht dies dadurch (vielleicht unbewußt) zu verschleiern, daß er die höchsten römischen Wertbegriffe virtus und gloria so stark in den Vordergrund rückt und seinen Beweis für den Wert der virtus des Geistes gerade auf deren Bedeutung im Kriege stützt, was dem römischen Leser besonders einleuchten mußte, wie er auch sonst die römischen Farben des Virtusbegriffes immer wieder aufleuchten läßt. Auch im Altrömischen war *virtus* etwas, das im animus, d. h. im Geistigen, in Seele und Charakter des Menschen wurzelt, aber sie wirkte sich doch im Gebiete des tätigen Lebens aus [1]. Ihre wichtigste Auswirkung in einer rein geistigen Tätigkeit, und sei es auch der Geschichtsschreibung, zu sehen, ist vom Standpunkt der altrömischen Gesinnung aus etwas Ungewöhnliches. Geschichtsschreibung als Tätigkeit im otium war seit Cato dem Römer gestattet, als Lebensberuf hat sie Sallust als erster zu rechtfertigen gesucht.

Wir fassen als Ergebnis zusammen: das Prooemium will die schriftstellerische Tätigkeit Sallusts als eine Leistung *römischer* virtus und ihren Erfolg als *römische* gloria (d. h. als gloria, die der römischen virtus folgt) erweisen [2]. Weil dies an sich der altrömischen Vorstellung von virtus und gloria *nicht* entspricht, hat es

griechischen Philosophenschulen weiterzuführen und zu entscheiden, sondern eine römische Lebensauffassung gegen eine unrömische abzugrenzen und zu verteidigen.

[1]) Wie ja auch animus selbst vor allem auf die Bewältigung praktischer Aufgaben bezogen ist. Hierüber KNOCHE, Magnitudo animi, Philol. Suppl. 27, 1935, 7 ff.

[2]) Wenn EGERMANN das Thema der Prooemien darin sieht, daß hier »die Prinzipien der historischen Betrachtung Sallusts entwickelt« seien, so hat er etwas Richtiges gesehen, aber doch ihren eigentlichen Zweck nicht scharf gefaßt. Sie sind in ihrer persönlichen Themastellung (Rechtfertigung der eigenen Tätigkeit) von dem historischen Thema klar abgesetzt. Und insofern hat Quintilian recht (Inst. or. III 8, 9): Crispus Sallustius in bello Iugurthino et Catilinario nihil ad historiam, d. h. das geschichtliche Thema der Werke, pertinentibus principiis orsus est, und Egermann hat Unrecht, ihn deshalb zu tadeln. — Was die Prooemien mit den Werken verbindet, sind allerdings die

Sallust für nötig gehalten, diesen ganzen Beweis zu führen. Das bedeutet aber: die römische Gesinnung, die die literarische Arbeit geringer bewertet als das politische Handeln, weil sie dem römischen Virtusideal nicht entspricht, und dieses Ideal selbst sind ihm so maßgebend gewesen, daß er versucht hat, wie einst Cato in der Einleitung der Origines, sie vom Standpunkt jener Gesinnung aus zu rechtfertigen [1]). Er hat dazu allerdings auch (vor allem zur Entwertung jener virtus, die sich mehr in körperlicher Betätigung auswirkt) Gedanken griechischer Philosophie herangezogen [2]). Sie sind so dem ganz aus römischen Voraussetzungen und der persönlichen Lage des Sallust erwachsenen Beweiszweck dienstbar gemacht worden. Er hat die möglichen Einwände, er hätte sich der res publica, oder, wenn dies nicht möglich war, einer praktischen Tätigkeit zuwenden sollen, so gut es ging, zurückgewiesen. Er hat vor allem das für das altrömische Empfinden besonders eindrucksvolle Argument ins Feld geführt, daß seine Tätigkeit *in primis arduom* sei, und daß gloria, die ja dem Werk des Schriftstellers folgt, das höchste Ziel des menschlichen Lebens bedeute.

Schuld daran, daß der Beweiszweck des Catilina-Prooemiums als der das Ganze einheitlich zusammenhaltende Gedanke in den bisherigen Behandlungen nicht erkannt worden ist, ist die lockere

gleichen Prinzipien, die Sallust hier in den Prooemien aber nicht als Selbstzweck dargelegt, sondern auf seine eigene Tätigkeit, seinen Schriftstellerberuf, anwendet.

1) Cato hatte freilich die Geschichtsschreibung als Werk des otium, nicht als Lebensberuf verteidigt. Der Fall liegt bei Sallust insofern besonders, als er außer seiner Schriftstellerei keine einwandfreien Verdienste aufzuweisen hatte. Daß auch von griechischen Historikern der Nutzen der Historie hervorgehoben wird, ist etwas anderes. Thukydides oder Polybios, oder die vielen Historiker, von denen Polybios sagt, sie hätten mit dem ἔπαινος τῆς ἱστορίας begonnen und in dem Nutzen der Geschichtsschreibung den Sinn ihrer Aufgabe gesehen (1, 1. 2), betonen den Nutzen der Geschichte nicht, um sich zu entschuldigen, sondern um die Größe ihrer Aufgabe ins rechte Licht zu setzen, um die Geschichtsschreibung zu »loben«. Trotzdem ist wohl nicht abzustreiten, daß der Gedanke, ein Geschichtswerk mit dem ἔπαινος τῆς ἱστορίας zu beginnen, bei Cato ebenso wie bei Sallust durch griechische Vorbilder bestimmt ist. Übrigens spricht auch Sallust davon (J 4, 1), daß die Hervorhebung der Bedeutung der Geschichtsschreibung ein Topos sei.

2) Zur Entwertung des Leiblichen hatte auch Cato schon griechisches Gedankengut verwendet. Nur so konnte die Legende entstehen, er habe von dem Pythagoreer Nearch in Tarent gelernt, daß man die ἡδοναί und den Körper verachten müsse.

Fügung der Gedanken, die auch gelegentliche Abschweifungen nicht verschmäht [1]). So wird das Beweisziel verdeckt. Vielleicht darf man vermuten, ein streng logischer Beweisgang hätte dem archaisierenden, am altrömischen Vorbild Catos sich ausrichtenden Stil Sallusts widersprochen [2]). Die nicht gerade sehr originellen Gedanken popularisierter griechischer Philosophie dagegen stören diesen Stil nicht. Sie fanden sich gelegentlich schon bei Cato [3]).

Das einfachere Jugurtha-Prooemium hat die gleichen Grundgedanken. Auch hier unternimmt es der erste Abschnitt, ohne ausdrückliche Beziehung auf das Beweisziel, zunächst die Macht der virtus des Geistes, mit noch stärkerer Verwendung griechischer Motive, zu erweisen. Auch hier mündet die Darlegung in der Rechtfertigung der historischen Tätigkeit Sallusts. Wir können auf eine eingehende Analyse der Gedanken verzichten, die im einzelnen durch die Forschung hinreichend geklärt sind. Es genügt festzustellen, daß sich alles der Grundrichtung mühelos einordnet. Nur muß betont werden, daß auch hier die Erfüllung *römischer* virtus mit den ihr eigentümlichen Nebenvorstellungen labor und industria als das Ziel des Lebens und die Voraussetzung der Ruhmesunsterblichkeit verkündet wird. Dies wird durch die Worte

---

[1]) 2, 3 ff.: quod si regum atque imperatorum animi virtus etc. Dies ist gleichsam eine mildere Vorform der Abschweifung am Ende des Jugurtha-Prooemiums (4, 7—9). Der Grund ist der gleiche: verum ego liberius altiusque processi, dum me civitatis morum piget taedetque. Auch der Abschnitt über die Ursachen der Größe Roms in der Catorede fügt sich streng logisch genommen in den Zusammenhang der Rede nicht ein. Er ist ebenfalls eine Abschweifung, die auch durch die Übergangsformel: sed ego haec omitto (52, 24) als solche gekennzeichnet ist. Auch dort liegt die gleiche Ursache zugrunde.

[2]) Das macht seinen Stil dem des Thukydides so verwandt, wie ihn Schadewaldt, Antike 8, 1932, 30 ff. kurz charakterisiert. Auch bei ihm gilt nicht »das Reglement der Logik, das antiker wie neuzeitlicher »moderner« Redeweise allzu oft eine nichtssagende Verständlichkeit verleiht«. Auch bei ihm findet man den »leisen Pendelschwung zwischen vorliegendem Einzelfall und gnomologischer Betrachtung«, der gerade auch die Catorede charakterisiert: der Abschnitt über die Ursachen der Größe Roms erhebt sich ganz vom vorliegenden Fall weg ins Allgemeine. Abweichungen von der geraden Linie der Darstellung bei Sallust zeigt gut Vretska, Der Aufbau des Bellum Catilinae, Hermes 72, 1937, 203 ff. Auch er verweist auf Thukydides (S. 204, A. 1) und dessen Charakterisierung durch Dionys von Halikarnaß, er sei ἀσαφὴς καὶ δυσπαρακολούθητος.

[3]) z. B. Cato, Oratio quam habuit Numantiae apud equites, fr. 1 (Jordan p. 38) und das 'Dictum des Philosophen Musonius' bei Gellius NA 16, 1.

bewiesen, mit denen es beginnt: Falso queritur de natura sua genus humanum, quod imbecilla atque aevi brevis forte potius quam *virtute* regatur. nam contra reputando neque maius aliud neque praestabilius invenias magisque naturae *industriam* hominum quam vim aut tempus deesse. Wie hier *vim* sich auf die *imbecillitas* und *tempus* auf die *brevitas aevi* der menschlichen Natur zurückbezieht, so nimmt *industria* den Begriff *virtus* wieder auf. Eine schlagendere Bestätigung für die bei Sallust bestehende innige Verbindung von virtus und industria (bzw. labor) ist nicht zu verlangen. Ferner wird im folgenden der Vorwurf der inertia durch den Hinweis entkräftet, daß sie einen *tantus* (das nimmt sozusagen das arduom res gestas scribere des Catilina-Prooemiums wieder auf) tamque utilis *labor* zu Unrecht treffe (J 4, 3). Hiermit erscheint neben dem Gedanken, daß die Geschichtsschreibung labor und industria und nicht inertia (Sallust ed. Ahlberg 1919, p. 55, 7) und ignavia (p. 55, 13) sei, der Hinweis auf den Nutzen für den Staat (J 4, 4): maiusque commodum ex otio meo quam ex aliorum negotiis rei publicae venturum. »Ich habe oft gehört, daß Q. Fabius Maximus und P. Scipio und andere berühmte Männer unserer Bürgerschaft zu sagen pflegten, der Anblick der Ahnenbilder entflamme aufs heftigste ihr Herz zur virtus. Und das heißt: nicht jenes Wachs und jene Form habe solche Gewalt in sich, sondern durch das Andenken ihrer Taten wachse diese Flamme edlen Menschen in der Brust und komme nicht früher zum Erlöschen, bis ihr Heldentum den Ruhm jener erreicht habe« [1]). Die Geschichtsschreibung ist auch insofern dem Virtusideal dienstbar, als sie virtus erzeugt. Damit ist angedeutet, daß auch die Geschichtsschreibung des Sallust dieses Ziel hat [2]).

Wird so hier im Prooemium des Jugurtha auch der Nutzen für die res publica genannt, so tritt er doch im ganzen hinter dem Gedanken der virtus zurück [3]). Im Prooemium des Catilina fehlt er vollkommen. Auch dort ist zwar mit der Kennzeichnung der

---

[1]) Zur memoria virtutis vgl. besonders auch Tacitus, z. B. Ann. II 71. 73. III 5. 76. IV 38 und dazu Hommel, Studien zu Tacitus, Festschr. f. Hosius 146f.

[2]) Früher durch die Tendenzhypothese, heute durch die These von Sallusts Pessimismus geblendet, dem die geistige Zerstörung des sullanischen Staates Selbstzweck sei, hat man die klare Bedeutung dieses Satzes nirgends hervorgehoben.

[3]) Das Prooemium geht von dem Virtusgedanken (bzw. dem Gloriagedanken) aus und mündet in ihn zurück.

Geschichtsschreibung als Leistung der virtus der Nutzen für das Ganze mit gemeint [1]). Dies ist für römisches Empfinden selbstverständlich. Und vielleicht wird gerade deshalb nicht soviel davon geredet [2]). Im Mittelpunkt aber steht hier wie dort virtus und gloria und nicht res publica.

Nachdem der besondere Gehalt des Virtusbegriffes bei Sallust auf Grund seiner persönlichen Äußerungen geklärt ist, ist zu untersuchen, wie sich das Virtusideal in der Darstellung selbst ausspricht. Wir beginnen mit der kriegerischen Seite. Höchst bezeichnend für das Römertum ist hierbei, daß gerade die virtus und die damit verbundenen Vorstellungen von labor und industria den Inbegriff kriegerischer Tapferkeit und Leistungskraft darstellen [3]), der also nicht nur das heldenmütige Bestehen des eigentlichen Kampfes im Auge hat, sondern das ganze Soldatendasein mit der harten Schanz- und Belagerungsarbeit, den schweren Märschen, dem Ertragen von Hunger und Durst, Hitze und Kälte und wenig Schlaf und jeder Art von Anstrengung und Entbehrung ganz nüchtern mit umgreift. Der engere Begriff fortitudo kommt, auch dies charakteristisch, im ganzen Sallust, wie gesagt, nur dreimal vor. Häufiger ist der Begriff audacia, der, obwohl oft im guten Sinne gebraucht, gelegentlich einer tadelnden Nuance nicht entbehrt (z. B. C 3, 3. 52, 11), vgl. Cic. De off. I 63: animus paratus ad periculum, si sua cupiditate, non utilitate communi impellitur, *audaciae* potius nomen habeat quam fortitudinis. Dem besonderen Begriffsgehalt der römischen virtus entspricht genau das, was Sallust bei der Schilderung der Kriegführung, die ja vor allem im Jugurtha einen breiten Raum einnimmt, als die besondere Leistung der Römer hervorhebt. Wir betrachten, wie virtus, labor und industria die disciplina militaris bei ihm bestimmen, wie sich

[1]) Wird doch dort in der Parekbasis das Schwinden von labor für den Zusammenbruch des Imperiums verantwortlich gemacht, 2, 4. 5: nam imperium facile iis artibus retinetur, quibus initio partum est. verum ubi pro *labore* desidia . . . invasere, fortuna simul cum moribus mutatur.

[2]) Auch in Athen ist nicht so oft von der πόλις die Rede wie vom καλόν, δίκαιον, συμφέρον, weil sich auch dort das Dasein in und für die Polis von selbst versteht.

[3]) Vgl. Heinze, Von den Ursachen der Größe Roms, 17. Montesquieu, Grandeur et décadence des Romains, ch. 2, De l'art de la guerre chez les Romains.

Soldat und Feldherr in seinem Werke darstellen. Wichtiger als die Worte und die Begriffe ist der lebendige Zusammenhang, in den sie gehören, und der Ausschnitt römischer Wirklichkeit, den sie beleuchten.

Ehe er über die militärischen Taten berichtet, redet Sallust von der Wiederherstellung der militärischen Zucht durch Metellus, die durch die Schuld des Bestia und des Albinus völlig verfallen war. Sie ist die Voraussetzung für die kriegerischen Erfolge und die gewaltigen Leistungen im Jugurthinischen Krieg, denen Sallust die größte Bewunderung entgegenbringt [1]. Metellus hat die Disziplin, wie Sallust deutlich hervorhebt, nach der strengen altrömischen Sitte wieder hergestellt: statuit tamen Metellus, quamquam et aestivorum tempus comitiorum mora inminuerat et exspectatione eventus civium animos intentos putabat, non prius bellum attingere quam *maiorum disciplina milites laborare coegisset* (44, 3). Und als Wirkung der Schlacht am Muthul, des ersten großen Erfolges, den Metellus erringt, wird berichtet, Romae gaudium ingens ortum cognitis Metelli rebus, ut *seque et exercitum more maiorum gereret*, in advorso loco victor tamen virtute fuisset (55, 1). Diese Worte zeigen, daß wir hier das *römische Ideal* soldatischer virtus und nicht etwa nur eine Sondermaßnahme des Metellus fassen.

Worin besteht nun diese altrömische Soldatenzucht? In den Worten: milites *laborare* coegit ist eigentlich alles gesagt. Albinus hatte ein festes Standlager, Metellus ließ täglich ein neues Lager aufschlagen und in kriegsmäßigem Zustand befestigen und wie im Krieg nachts mit dicht aufgestellten Wachen besetzen. Die Marketender entfernte er aus dem Heere, die Soldaten mußten mit der ihnen zugeteilten Kornration ihr Brot wieder selbst bereiten, und es wurde nicht mehr geduldet, daß sie das Korn verkauften und dafür das Brot und andere Dinge bei den Marketendern einkauften. Proviant und Waffen mußten sie auf dem Marsche selbst tragen und durften sich keine Sklaven oder Tiere halten.

[1]) Sallust hat hier römische virtus ganz bewußt dargestellt. Unzutreffend Schur, Sallust als Historiker, 119: »Die ganzen militärischen Vorgänge interessieren Sallust nur so weit, als sie auf das Spiel der Parteien in Rom einwirken«, und Schörner, Sallust und Horaz über den Sittenverfall und die sittl. Erneuerung Roms, Diss. Erlangen 1934, 36, der nur den Verfall des röm. Heeres hervorhebt. Unrichtig auch Latte a. O. 57: »Wenn man allenfalls von der Charakteristik Catos im Catilina absieht, gibt Sallust dem Leser nirgends ein ausgeführtes Beispiel jener (altrömischen) Tugende

Daß hier Sallust das Wesentliche römischer Heereszucht schildert, wird auch durch die Übereinstimmung mit dem alten Cato (p. 35, 1 Jordan), mit Cicero (S. 20, 2) und mit dem klassischen Fall einer solchen Wiederherstellung römischer Disziplin in der römischen Geschichtsschreibung bewiesen: Scipio Aemilianus vor Numantia [1]). Es ist wahrscheinlich, daß sich Sallust bzw. schon seine Quelle an die literarische Tradition hierüber anschloß, ebenso wie Metellus die militärische Tradition aufnahm [2]).

Metellus aber hatte im Unterschied zu Scipio strenge Strafen nicht nötig. Sallust drückt das abschließend in Worten aus, die das Geheimnis jeder echten Disziplin unübertrefflich aussprechen: prohibendo a delictis magis quam vindicando exercitum brevi confirmavit. Er verstand die rechte Mitte einzuhalten zwischen saevitia und ambitio (45, 1) [3]). So erfüllt er das Ideal des römischen Feldherrn [4]).

[1]) Livius per. 57. Jeder Soldat mußte Korn für 30 Tage und 7 Schanzpfähle tragen. Der Text lautet: militem cotidie in opere habuit et XXX dierum frumentum *ad* septenos vallos ferre cogebat. Ad = praeter paßt hier schlecht. Denn es würde heißen: »Er ließ sie zu 7 Schanzpfählen noch das Korn von 30 Tagen tragen«, während der Sinn eher das Gegenteil fordern würde. Denn der Nachdruck liegt auf den 7 Schanzpfählen, zumal auch im folgenden nur davon die Rede ist. Ich würde daher mit der editio princeps (und dem Norvicensis) *ac* statt *ad* lesen, oder umstellen: XXX dierum ad frumentum (für diese Stellung Belege im Thesaurus) septenos vallos ferre cogebat, oder einfacher: ad XXX dierum frumentum etc. — Vgl. auch die Wiederherstellung der Heereszucht durch Corbulo Tac. Ann. 13, 35. 18, 11.

[2]) Bei Valerius Maximus II 7 (De disciplina militari) folgt auf das Beispiel des Scipio vor Numantia, mit dem das Kapitel beginnt, Metellus im Jugurthinischen Krieg (Eius, sc. Scipionis, sectam Metellus secutus etc.).

[3]) Die Art, eine Tugend als die rechte Mitte zwischen zwei Extremen zu bestimmen, geht auf griechische (insbesondere peripatetische) Gedanken zurück. Die Formulierung der römischen Gedanken ist hier wie an vielen anderen Stellen durch Griechisches beeinflußt. — Auch bei Marius wird der gleiche Zug hervorgehoben: et sane Marius illoque aliisque temporibus Iugurthini belli pudore magis quam malo exercitum coercebat (in der Hervorhebung, daß er es im Jugurthinischen Krieg tat, liegt wohl ein Hinweis Sallusts darauf, daß er später von dieser Praxis abwich). Manche legten ihm das als ambitio aus. Sallust läßt dies dahingestellt (er hatte ja selbst die ambitio als eine Haupttriebfeder des Marius hingestellt), spricht aber in dem Urteil, das diesen Abschnitt beschließt, deutlich aus, daß das Verhalten des Marius richtig war: res publica pariter ac saevissimo imperio bene atque decore gesta (J 100, 5). Ambitio des Marius gegenüber den Soldaten J 64, 5.

[4]) 45, 1: in ea difficultate (Disziplinlosigkeit des Heeres) non minus quam in rebus hostilibus magnum et sapientem virum fuisse comperior.

Beispiele für militärische Führer, die sich von ambitio oder saevitia leiten lassen, zeigt Sallust in Sulla bzw. Lucullus. Ambitio, d. h. die Absicht, sich seine Soldaten für seine eigennützigen Zwecke in einer dem römischen Herkommen widersprechenden Weise persönlich zu verbinden, hatte Sulla dazu geführt, die römische Heereszucht in der schmählichsten Weise zu verletzen: L. Sulla exercitum, quem in Asia ductaverat, quo sibi fidum faceret, *contra morem maiorum* (wieder der Hinweis auf die altrömische Sitte!) luxuriose nimisque liberaliter habuerat. Loca amoena voluptaria facile in otio ferocis militum animos molliverant: ibi primum insuevit exercitus populi Romani amare, potare, signa tabulas pictas vasa caelata mirari, ea privatim et publice rapere, delubra spoliare, sacra profanaque omnia polluere (C 11, 5—6). Ich führe diese Stelle (wieder aus dem geschichtsphilosophischen Überblick über den Verfall des römischen Staats) auch deshalb an, weil sie als Gegensatz zur strengen Zucht durch labor das otium und die luxuria schildert, die den Sinn weichlich macht und den genauen Gegensatz zur harten römischen virtus bildet [1]).

Umgekehrt hat sich Lucullus in den Historien durch allzu große Strenge das Vertrauen seiner Soldaten verscherzt, als er in Kleinasien vor die Aufgabe gestellt war, die unter Valerius gesunkene soldatische Zucht wieder herzustellen (H III 19 M) [2]). In der Ablehnung der saevitia wird ein Grundsatz römischer Politik deutlich: die Milde, lateinisch humanitas [3]). Wir kommen darauf im Kapitel über das römische Imperium iustum zurück [4]).

[1]) Der gleiche Gegensatz C 7, 4: im Lager lernten sie in *harter Arbeit* das Kriegshandwerk und hatten mehr an schönen Waffen und Kriegspferden als an Dirnen und Gelagen (als dem konkreten Inhalt der luxuria) ihre Freude.

[2]) Plut. Luc. 33: Σαλούστιος μὲν οὖν φησὶ χαλεπῶς διατεθῆναι τοὺς στρατιώτας πρὸς αὐτὸν εὐθὺς ἐν ἀρχῇ τοῦ πολέμου πρὸς Κυζικῷ καὶ πάλιν πρὸς Ἀμισῷ, δύο χειμῶνας ἐν χάρακι διαγαγεῖν ἀναγκασθέντας. ἠνίων δ' αὐτοὺς καὶ οἱ λοιποὶ χειμῶνες· ἢ γὰρ ἐν τῇ πολεμίᾳ διεχείμαζον ἢ παρὰ τοῖς συμμάχοις ὕπαιθροι σκηνοῦντες, εἰς δὲ πόλιν Ἑλληνίδα καὶ φίλην οὐδ' ἅπαξ εἰσῆλθε μετὰ στρατοπέδου Λεύκολλος. Vorher hatte Plutarch, gewiß in Übereinstimmung mit Sallust, berichtet, daß Lucullus an seiner Unbeliebtheit selbst schuld war: οὐκ ὢν θεραπευτικὸς πλήθους στρατιωτικοῦ καὶ πᾶν τὸ πρὸς ἡδονὴν τοῦ ἀρχομένου γιγνόμενον ἀρχῆς ἀτιμίαν καὶ κατάλυσιν ἡγούμενος.

[3]) Über die humanitas vgl. Schulz, Prinzipien des römischen Rechts, 1934, 128 ff. und die dort 128, 1 zitierte Literatur. Das Verhältnis von Feldherrn und Soldat ist m. W. nirgends speziell behandelt.

[4]) S. 83; über das Verhältnis von Feldherr und Soldat vgl. auch S. 95.

Der römische Feldherr erzieht die Soldaten dadurch, daß er an sich die gleichen harten Anforderungen stellt wie an seine Untergebenen, er erzieht sie durch sein Vorbild. Die römische Haltung, die durch die Begriffe virtus, labor, industria bestimmt ist, erfüllt er zuerst an sich selbst; in der Schlacht gegen die Gaetuler ist Marius nicht der Feldherr, sondern der Soldat, der durch sein Beispiel die Kameraden mitreißt: »Und in jenem so rauhen Geschäft war Marius nicht erschreckt oder weniger mutig als vorher, sondern mit seiner persönlichen Gefolgschaft, die er mehr aus den Tapfersten als aus den Vertrautesten zusammengestellt hatte, strich er allenthalben umher und brachte bald den Seinen Hilfe, wo sie in Bedrängnis waren, bald drang er in die Feinde ein, wo sie am dichtesten standen; mit der Hand half er den Soldaten, weil ers mit dem Befehl in dem allgemeinen Durcheinander nicht konnte« (98, 1). Auf dem Marsch zum Winterlager »sorgte der Konsul für alles selbst, als wären keine Befehlshaber dafür eingesetzt, war bei allen zugegen und lobte und schalt, die es verdienten. Selbst in Waffen [1]) und rastlos angespannt [2]) zwang er die Soldaten zu gleicher Leistung« (100, 3. 4). Die Nachtwachen im Lager inspiziert er selbst, »nicht so sehr aus Mißtrauen, daß sein Befehl ausgeführt würde, als darum, daß die Soldaten ihre Arbeit, die der Feldherr völlig mit ihnen teilt, gerne verrichteten« [3]) (100, 4). Und daß er damit das altrömische Ideal erfüllt, sagt Marius selbst in seiner Rede vor dem Volk: »Ich werde nicht die

---

[1]) Im Gegensatz etwa zu Sulla, von dem Valerius Maximus 3, 6, 3 berichtet: cum *imperator* esset, chlamydato sibi et crepidato Neapoli ambulare deforme non duxit. Ähnliches im gleichen Abschnitt des Valerius über Scipio Africanus (freilich ebenda auch der Bericht über Züge von luxuria bei Marius selber!).

[2]) »Angespannte Bereitschaft« steckt im Wort intentus, das bei Sallust und dann bei Livius und Tacitus häufig ist. Auch dieser Begriff gehört in den Kreis von labor, virtus, industria.

[3]) Das Gleiche tut Metellus: J 45, 2 und Sulla J 96, 3. Das Ideal des römischen Feldherrn hat Tacitus im Agricola, z. T. in bewußtem Anschluß an Sallust, geschildert (vgl. PERROCHAT, Tacite imitateur de Salluste dans l'Agricola, Rev. Et. Lat. 13, 1935, 263): sed ubi aestas advenit, contracto exercitu *multus in agmine* (J 96, 3: in agmine atque ad vigilias multus), laudare modestiam, disiectos coercere; loca castris *ipse* capere, aestuaria ac silvas *ipse* praetemptare (Agr. 20). Auch Corbulo erfüllt dieses Ideal (Ann. 13, 35): ipse cultu levi, capite intecto, in agmine, in laboribus frequens adesse, laudem strenuis, solacium invalidis, exemplum omnibus ostendere. Ebenso Cato bei Lucan (vgl. Catos Rede, Pharsalia 9, 394ff. und sein Verhalten bei dem Zug durch die Wüste).

Soldaten straff halten und mich üppig und werde nicht mir den Ruhm und ihnen die Mühe zuschanzen. Dies ist die nützliche, die wahrhaft demokratische Art, das imperium zu führen (hoc est utile, hoc civile imperium). Denn wenn du selbst in Weichlichkeit und Üppigkeit lebst und das Heer nur durch grausame Strafen (supplicio) zusammenhältst, so heißt das Despot (dominum)[1]) und nicht Imperator sein. *Indem sie dieses und anderes dergleichen taten, haben eure Vorfahren sich und die res publica berühmt gemacht.*« Er, der homo novus, identifiziert sich so mit dem Ideal des altrömischen Feldherrn. Und in dem Schlußabschnitt verkündet er: »Ich werde euch auf dem Marsch und in der Schlacht als Ratgeber zugleich und als Mitstreiter in der Gefahr beistehen und werde mich in allen Dingen euch gleichstellen. Und wahrlich, wenn die Götter uns helfen, wird alles bereit sein, Sieg, Beute [2]) und Ruhm [3]).«

---

[1]) Vgl. hierzu auch das Liviuszitat der nächsten Anmerkung.

[2]) Die Verteilung eines Teils der Beute unter die Soldaten gehört zum idealen Bild des römischen Feldherrn. Wo bei Sallust das Verhalten des Metellus in den für den idealen Feldherrn typischen Zügen geschildert wird, fehlt der Hinweis hierauf nicht: meritos in proeliis more militiae donat (militärische Auszeichnungen), univorsos in contione laudat atque gratias agit ... pro victoria satis iam pugnatum, reliquos labores pro *praeda* fore (J 54, 1). Schon Cato hat eine Rede de praeda militibus dividenda geschrieben (p. 69, 1 Jordan). Vgl. auch Catos Rede de sumptu suo (p. 37, 10 Jordan): numquam ego praedam neque quod de hostibus captum esset, neque manubias inter pauculos amicos meos divisi, ut illis eriperem qui cepissent. Gewiß hat das Vorbild Catos auf das Ideal des römischen Feldherrn (vor allem wohl die Rede Dierum dictarum de consulatu suo) in der römischen Geschichtsschreibung stärker nachgewirkt, als wir im einzelnen nachkontrollieren können. Livius, der gerade in dieser Partie, wie er selbst bezeugt, Cato benutzt hat (34, 15, 9) faßt die Leistung Catos im spanischen Feldzug in die Worte zusammen: in consule ea vis animi atque ingenii fuit, ut ... pleraque ipse per se transigeret nec in quemquam omnium gravius severiusque quam in semet ipsum imperium exerceret, parsimonia et vigiliis et labore cum ultimis militum certaret etc. Aus Livius lassen sich für das Idealbild des römischen Feldherrn noch manche anderen Belege bringen. Es genüge als besonders kennzeichnendes Beispiel den Feldherrn T. Quinctius zu zitieren, an dem auch die Milde stark hervorgehoben wird (er steht in scharfem Kontrast zu seinem Kollegen Appius Claudius, der, ein wahres Musterbeispiel für saevitia, die Offiziere, qui reliquerant ordines, auspeitschen und hinrichten und die Mannschaften dezimieren ließ): contra ea in Aequis inter consulem ac milites comitate ac beneficiis certatum est. et natura Quinctius erat lenior, et saevitia infelix collegae, quo is magis gauderet ingenio suo, effecerat ... nec ullo ante bello latius inde acta praeda. *ea omnis militi data est. Addebantur et laudes,* quibus haud minus quam praemio gaudent

In der eigentlichen Kriegsführung finden wir, ganz wie es dem geschilderten römischen Virtusideal entspricht, nichts von der heroischen und zugleich irgendwie fröhlichen Kühnheit und dem frischen Draufgängertum germanischer [4]) und griechischer Krieger [5]). Harte und zähe Überwindung aller Schwierigkeiten und strengste Disziplin charakterisiert die Leistung des römischen Heeres, kluge Vorsicht die Leistung des Feldherrn. Obwohl Jugurtha seine Unterwerfung anträgt und das Land das Bild des Friedens bietet, marschiert Metellus pariter ac si hostes adessent munito agmine (46, 6). Und als nach der siegreichen Schlacht am Muthul und dem Rückzug Jugurthas in die Wüste Rom jubelt und Dankfeste feiert, wird Metellus in echt römischer Bescheidung um so vorsichtiger: quo clarior erat, eo magis *anxius* erat (55, 4) [6]). Genau so wenig, wie Kühnheit ein Vorzug ist,

---

militum animi. cum duci tum propter ducem patribus quoque placatior exercitus redit, sibi *parentem*, alteri exercitui *dominum* datum ab senatu memorans (II 60). Über die römische Disziplin bei der Verteilung der Beute vgl. Polybios 10, 16f.

[3]) Außer Marius und Metellus erfüllt vor allem Pompeius das Ideal des römischen Feldherrn. Vegetius hat als besonders signifikant die Bemerkung Sallusts über Pompeius aus den Historien ausgeschrieben (H II 19 M): cum alacribus saltu, cum velocibus cursu, cum validis vecte certabat. Weitere Belege für Pompeius bei Ziegler zu Plut. Pomp. 1, 4. Über das Ideal des römischen Feldherrn Kroll, Kultur der cicer. Zeit I 25.

[4]) Vgl. Tac. Germ. 4: magna corpora et tantum ad impetum valida. *laboris* atque *operum* non eadem *patientia*, minimeque sitim aestumque tolerare . . . assueverunt. Ann. 2, 15: corpus ut ad brevem impetum validum, sic nulla vulnerum patientia.

[5]) Vgl. auch Hanny v. Kameke, Ennius und Homer. Versuch einer Analyse der Annalenfragmente. Diss. Leipzig 1926, 1. Kap. Heroentum und Tapferkeit, wo auf die unheroische und unromantische Auffassung des Krieges bei den Römern im Unterschied zu Homer hingewiesen wird. Für die Beurteilung der Eigenart römischen Kriegertums ist eine Äußerung des Griechen Polybios von besonderem Wert: βούλονται δ' εἶναι τοὺς ταξιάρχους οὐχ οὕτως θρασεῖς καὶ φιλοκινδύνους ὡς ἡγεμονικοὺς καὶ στασίμους καὶ βαθεῖς μᾶλλον ταῖς ψυχαῖς, οὐδ' ἐξ ἀκεραίου προσπίπτειν ἢ κατάρχεσθαι τῆς μάχης, ἐπικρατουμένους δὲ καὶ πιεζομένους ὑπομένειν καὶ ἀποθνήσκειν ὑπὲρ τῆς χώρας (6, 24, 9). Von der Tapferkeit der Aeakiden Hesiod bei Polybios 5, 2, 6: πολέμῳ κεχαρηότας ἠύτε δαιτί.

[6]) Ennius A. 547 sed Romanus homo, tamenetsi res bene gestast, corde suo trepidat. Vgl. die ähnliche Haltung Scipios und des Aemilius Paulus (Pöschl, Römischer Staat und griechisches Staatsdenken bei Cicero, 184f.). Über griechische Parallelen hierzu vgl. Pohlenz, Antikes Führertum, S. 53ff. Stroux, Die stoische Beurteilung Alexanders des Großen, Phil. 88, 1933, insbesondere S. 233ff.

genau so wenig ist Vorsicht, ja Angst ein Tadel [1]). Umgekehrt wird dem Marius seine *temeritas* vorgeworfen, obwohl sein Unternehmen gegen das Fort beim Flusse Muluccha von Erfolg gekrönt war (94, 7): sic forte correcta Mari *temeritas* gloriam ex culpa invenit. Dann freilich, nach dem Sieg über die Mauren und Gaetuler, wird auch seine Vorsicht hervorgehoben (100, 1).

Dieser Sieg und der Zusammenstoß mit dem Feind, der ihn einleitet, ist das mächtigste Beispiel römischer Kampfesdisziplin im Sallust. Es ist bezeichnenderweise zunächst kein Angriff, sondern heldenmütige Verteidigung, und der Angriff der zweiten Phase ist ein Überfall, dessen Gelingen römischer Disziplin und römischer Kriegslist, nicht einer besonderen Kühnheit zu danken ist. Die Römer werden von der Reiterei der Mauren und Gaetuler überfallen und, obwohl völlig überrascht, verstehen sie sich doch, virtutis memores, allmählich aus der Verwirrung zu lösen und gegen die Übermacht »nach römischer Art« Kampfringe zu bilden, die einen Angriff von hinten unmöglich machen, bis es ihnen gelingt, zwei Anhöhen zu besetzen. Und nun wird jene großartige Szene geschildert, die symbolhaft römische Zucht der barbarischen Disziplinlosigkeit gegenüberstellt: die Römer sehen in tiefstem und diszipliniertestem Schweigen aus dem Dunkel der Anhöhen auf die Feinde herab, während die Barbaren more suo im Schein der Feuer lärmen, jauchzen und frohlocken und ihre Führer »übermütig, weil sie nicht geflohen waren, sich als Sieger gebärden«. Und als sie dann am Morgen, wie nicht anders zu erwarten, tief im Schlaf liegen, da fallen die Römer unter wildem Schreien und dem Schmettern aller Kriegstrompeten über die Barbaren her. »Und sie konnten nicht fliehen und sich nicht waffnen und überhaupt nichts tun oder sich vorsehen. Schrecken hatte sie wie Wahnsinn ergriffen«. So endet diese Episode mit einem Überfall, wie sie mit einem solchen begonnen hatte. Doch welch ein Gegensatz! Dort setzt römische Kriegszucht und römische virtus sich trotz der lähmenden Wirkung des Überraschungsangriffes allmählich siegreich durch, hier dagegen völliges Chaos und restlose Vernichtung. Es ist ein Musterbeispiel der antithetischen Kunst Sallusts und das Meisterstück einer Schlachtschilderung, nicht weil der

---

[1]) Anxius auch von Marius ohne Tadel gebraucht: J 93, 1. Vgl. wieder Tac. Agr. 5, 2: nihil adpetere in iactationem, nihil ob formidinem recusare simulque et *anxius* et *intentus* agere.

Verlauf einer wirklichen Schlacht besonders eindrucksvoll geschildert, sondern weil der Gegensatz römischer und barbarischer Kriegführung (in drei Stufen: 1. Angriff der Gaetuler, 2. Die Nacht, 3. Angriff der Römer) im Bilde gestaltet wird.

Diese Disziplin in der Schlacht tritt, wenn man den Jugurtha als Ganzes überschaut, zurück hinter den labores, dem zähen Überwinden der ungeheuren natürlichen Schwierigkeiten, die der numidische Feldzug bot. Man könnte denken, die starke Hervorkehrung des labor wäre nur aus den besonderen Umständen dieses Feldzuges zu erklären. Dies wäre gleichwohl falsch. Es ist vielmehr so, daß dieser Krieg den Sallust auch deshalb besonders reizte, weil er hier das Wesentliche römischer Kriegskunst, den Triumph römischer Selbstzucht und römischer patientia zeigen konnte. Und daß dieser in der zähen Überwindung ungeheurer Schwierigkeiten liegt, die das Terrain mehr noch als der Widerstand der Feinde bietet, das sprach eben die Stelle des Catilina aus, von der wir ausgingen. Alle Kampfhandlungen des jugurthinischen Krieges erscheinen geradezu als eine Illustration jener Worte: non labor insolitus, non locus ullus asper aut arduos erat, non armatus hostis formidolosus: virtus omnia domuerat. Diese Worte bezogen sich auf die kriegerischen Leistungen der Römer im allgemeinen. Doch wenn Sallust dort hinzufügt: memorare possum, quibus in locis maxumas hostium copias populus Romanus parva manu fuderit, quas urbis natura munitas pugnando ceperit, könnte man fast meinen, er habe hier schon an die Gaetulerschlacht und an die Schlacht am Muthul, an die Einnahme von Thala und Capsa gedacht, alles Musterbeispiele für den Triumph jener römischen virtus. Anläßlich der Schlacht am Muthul klingen geradezu die Worte aus dem Catilina wieder an: Romae gaudium ingens ortum cognitis Metelli rebus, ut ... *in advorso loco* victor tamen *virtute* fuisset. Den Zug gegen die Stadt Thala hat Metellus unternommen, »obwohl 50 Meilen Wüste zwischen ihr und dem nächsten Fluß waren, in der Hoffnung, so den Krieg zu beenden, und er machte sich auf, alle Schwierigkeiten (asperitates) zu überwinden und sogar die Natur zu besiegen (75, 2)«. Und König Jugurtha, der in Thala weilte, gerät in Staunen, daß Metellus alles, »Waffen und Raum und Zeit und die Natur selbst, die über die anderen herrscht, durch seine *Energie* besiegte« (76, 1). Das Wort industria, das hier im Text steht, gehört ebenso wie das Verbum vincere (vgl. virtus omnia *domuerat*)[1]) und die asperitates (vgl. talibus viris non locus asper aut arduus erat) zu dem »Wortfeld« der Begriffe labor und virtus. Der Ruhm des Metellus läßt den Marius nach dessen Abberufung nicht ruhen[2]). Und er unternimmt die Eroberung der Stadt Capsa, quom propter usum belli, *tum quia res aspera videbatur* et Metellus oppidum Thalam magna gloria ceperat, haud dissimiliter situm munitumque (89, 6). Die Schwierigkeit des Unternehmens lockt ihn gerade wie jenen Ligurer, der die Mauern des Forts beim Fluß Mulucha übersteigt, weil die cupido difficilia faciundi seinen Sinn ergriff (93, 3).

Die römische Haltung, deren eigentümliche Färbung in den Begriffen virtus, labor, industria beschlossen liegt, zeigt sich nicht nur im Krieg, sondern genau so auch im Frieden. Nur erscheint sie dort im Werke Sallusts nicht mehr als Wirklichkeit, sondern als Forderung, sei es in den eigenen Äußerungen, sei es in den Selbstdarstellungen der politischen Redner, die Sallust als Trug demaskiert. Während er also auf militärischem Gebiet und vor allem in den hervorragenden Feldherren Metellus und Marius, aber selbst in Catilina[3]) noch etwas von römischer Kraft spürte und mit seiner Bewunderung nicht zurückhielt, wenn er sie auch bezeichnenderweise kaum je so deutlich werden läßt wie seinen Tadel[4]) und wir sie im wesentlichen erst aus der Übereinstimmung mit dem im geschichtsphilosophischen Abschnitt des Catilina gezeichneten Virtusideal erschließen mußten, so vermißt er sie auf den anderen Gebieten der Politik mit schmerzlicher Bitterkeit. Er hat diesen Gegensatz selbst deutlich empfunden und in dem Prooemium des Catilina klar ausgesprochen: si regum atque imperatorum animi virtus in pace ita ut in bello valeret, aequabilius atque constantius sese res humanae haberent, neque aliud alio ferri neque mutari ac

---

[1]) Vgl. Vergil Georg. I 145f. labor omnia vicit improbus. Sil. Ital. Pun. 3, 575: gens laeta domare labores.

[2]) Dies könnte als ein Beispiel für die Worte aus dem Catilina gelten, die den ausgeschriebenen Sätzen folgen: gloriae maximum certamen inter ipsos erat (C 7, 6). Zugleich ist sie ein Beweis für den rastlosen Ehrgeiz des Marius.

[3]) Auch er ist wie Marius der Feldherr, der zugleich Soldat ist: interea Catilina cum expeditis in prima acie vorsari, laborantibus succurrere, integros pro sauciis arcessere, omnia providere, multum ipse pugnare, saepe hostem ferire: strenui militis et boni imperatoris officia simul exequebatur (C 60, 4).

[4]) Am deutlichsten noch das Lob des Metellus: J 45, 1.

misceri omnia cerneres (2, 3) [1]. Sallust berührt sich hierin mit Tacitus, der auch fast nur noch im Kriege römische virtus verwirklicht fand [2]. Es spricht sich hier die bittere Enttäuschung der Zeit über ihre großen Feldherren Marius und Sulla, Pompeius und Caesar aus, die im Politischen schmählich versagten [3]. Sie alle werden mit diesen Worten dem, der zu hören versteht, vernehmlich genug verurteilt.

Die wichtigsten Zeugnisse für die zentrale Bedeutung von virtus, labor und industria in der römischen Politik außerhalb des militärischen Bereiches sind diejenigen Äußerungen im Werke Sallusts, die als Selbstdarstellungen und Selbstverteidigungen zu betrachten sind. Diese sind ganz auf jene Begriffe abgestellt, die sich so als die Werte erweisen, die für den Römer den höchsten Glanz haben. Denn wenn man sich verteidigt, pflegt man sich auf solche Verdienste zu berufen, die in dem Kreise, zu dem man spricht, am meisten gelten. Die wichtigsten dieser Selbstzeugnisse sind die schon behandelten Prooemien des Catilina und des Jugurtha, in denen Sallust seine eigene Tätigkeit verteidigt, indem er sie unter den Virtusgedanken stellt, und die Mariusrede im Jugurtha, die (neben der weniger bedeutsamen Cottarede in den Historien) insofern eine Sonderstellung einnimmt, als sie nicht nur wie die anderen Reden Ausdruck einer bestimmten politischen Situation ist, sondern über das Leben des Redenden Rechenschaft abgibt. Während die anderen Reden im Kampf um politische Entscheidungen die idealen Grundsätze der römischen Politik zum Ausdruck bringen und dafür in unserer Untersuchung ausgewertet werden sollen, steht hier die Haltung des römischen Politikers zur Sprache, die sein ganzes Leben beherrscht und so über das Politische im engeren Sinne hinausgreift.

---

[1]) Vgl. auch Sallusts Brief an Caesar 1, 1, 8: in posterum firmanda res publica, non armis modo neque advorsum hostis, sed quod multo asperius est, pacis bonis artibus. Zu der Catilinastelle 2, 3 vgl. oben S. 18.

[2]) Klingner, Tacitus, Antike 8, 1932, 168. Vgl. aber auch oben S. 26, Anm. 1. Auch dem Livius ist der Gedanke nicht fremd. Als Fabius die Veienter nur mit Hilfe seiner Reiterei schlägt, während die plebejischen Fußsoldaten aus politischen Gründen den Gehorsam verweigern, und der Konsul nichts gegen sie unternehmen kann, formuliert Livius als allgemeinen Grundsatz: adeo excellentibus ingeniis citius defuerit ars, qua civem regant, quam qua hostem superent (II 43, 10). Möglicherweise hat schon Cato davon gesprochen, daß militärische Führer in der Politik oft nichts taugen (Scipio Africanus).

[3]) Auf Caesar bezieht diese Worte auch Skard, Symb. Osl. 1930, 85, der auch auf epist. I 1, 8 verweist (vgl. oben Anm. 1).

Diese erfüllt eine ganz bestimmte Form politischer Rede, die sie zu einer solchen Darstellung besonders geeignet macht: sie ist die erste Rede, die der Konsul vor dem Volke hält. Ciceros De lege agraria 2 ist hierfür das beste Beispiel [1]). In dieser Rede war es nach den Worten Ciceros (De lege agr. 2, 1) alter römischer Brauch, den Dank für die »Wohltat des Volkes«, d. h. die Wahl (vgl. unten S. 93) mit dem Lob der eigenen Vorfahren zu verknüpfen [2]). Aus dem Dank entwickelt sich ganz von selbst die Ankündigung, in welchem Geist der Konsul sein Amt zu führen gedenkt, um sich des Vertrauens würdig zu zeigen und seinen Dank durch die Tat abzustatten. Bei Cicero und bei Sallust versichert darum der Konsul, er sei sich klar darüber, welche gewaltigen Aufgaben seiner warteten, welchen *labor* er zu bestehen habe. »Eure 'Wohltat' verursachte mir«, so etwa führt Cicero aus, »nicht nur Freude, sondern viel mehr Sorgen, die mich Tag und Nacht nicht zur Ruhe kommen lassen. Der treue Rat und die sichere Hilfe der Nobilität stehn mir nicht zur Seite. Und wenn ich einmal, vielleicht durch einen Zufall, einen Fehler mache, werden gewisse Leute nicht nur mich, sondern euch alle tadeln. Die schlimmste Arbeit und die größte Schwierigkeit besteht für mich darin, daß ich vor dem Volke, aber auch im Senat ein popularis sein will« [3]). Ebenso bringt Marius zum Ausdruck, daß er sich bewußt ist, welch ungeheure Arbeit ihm bevorsteht (J 85, 3), und daß dem homo novus die Hilfe der Nobilität fehle [4]). Nur ist gerade das letzte viel anschaulicher und viel ausführlicher als bei Cicero geschildert, natürlich auch in der Absicht, den Haß gegen die Cliquenwirtschaft der Nobilität zu schüren.

Überhaupt welch ein gewaltiger Stilunterschied zwischen den beiden Reden. Wie fein und reich Cicero, wie psychologisch differenziert, wie abstrakt andeu-

---

[1]) Ein anderes, für Sallusts Gestaltung der Mariusrede besonders wichtiges Beispiel ist die Rede vor dem Volk, mit der Cato seine Zensur eröffnete. Über sie Fraccaro, Ricerche storiche e litterarie sulla censura del 184/83, Studi storici per l'antichità classica 4, 1911, 32ff.

[2]) Est hoc in more positum, Quirites, institutoque maiorum ut ei, qui beneficio vestro imagines familiae suae consecuti sunt, eam primam habeant orationem, qua gratiam beneficii vestri cum suorum laude coniungant.

[3]) De lege agr. 2, 5. 6 dem Sinne nach und gekürzt wiedergegeben.

[4]) 85, 4: alii si deliquere, vetus nobilitas, maiorum fortia facta, cognatorum et affinium opes, multae clientelae, omnia haec praesidio adsunt.

tend; wie einfach, schlicht und konkret aussprechend Marius (bzw. Sallust). Cicero (De lege agr. 2, 5) voll psychologisch abstrakter Worte: graves cogitationes, sollicitudines, ratio mehrmals (ratio kommt bei Sallust überhaupt nur fünfmal vor, und nur in der älteren Bedeutung »Überlegung«, »Rechenschaft«, »Grund«, nie wie bei Cicero »Methode« usw.; cogitatio überhaupt nicht, cogitare ein einziges Mal!); Sallust voll konkreter Worte und Bilder. Ciceros »non dubitanti fidele consilium, non laboranti certum subsidium nobilitatis ostenditur« wirkt abstrakt gegenüber Sallusts »domi forisque *curare* et ea *agere inter* invidos occursantis factiosos«. Der Vergleich der beiden Reden könnte geradezu zum Ausgangspunkt der stilistischen Beurteilung Ciceros und Sallusts genommen werden.

Wie Cicero setzt sich auch Marius in durchsichtiger Demagogie mit dem Volke gleich, das ihn gewählt hat [1]).

Das zweite Thema, das diese Redegattung erfordert, ist das Lob der Vorfahren. Es soll dazu dienen, das Vertrauen in die Ankündigung des Konsuls zu bestärken, seine fides zu erweisen (vgl. fidei causa J 85, 29). Cicero und Marius sind homines novi. Sie müssen daher das Lob der Vorfahren, das sonst die fides begründet, durch das Lob ihrer eigenen virtus ersetzen. Der raffiniertere Cicero tut dies freilich nur in einer Art von Praeteritio: de me autem ipso vereor, ne adrogantis sit apud vos dicere, ingrati tacere (De leg. agr. 2, 1). Er wählt in diesem Dilemma, wie er selbst sagt, einen Mittelweg (wie bezeichnend für ihn!), er wolle sagen, welche ungeheure und einzigartige Gunst ihm zuteil wurde (als erster homo novus wurde er suo anno Konsul), das Urteil aber, warum ihm so außerordentliche Ehre beschieden ward, dem Volke selbst überlassen. Marius, weniger fein und weniger weltmännisch, wie einst Cato haud detrectator laudum suarum, lobt offen seine eigene virtus: non possum fidei causa imagines neque triumphos aut consulatus maiorum meorum ostentare, at, si res postulet, hastas, vexillum, phaleras, alia militaria dona, praeterea cicatrices advorso corpore etc. In diesen Worten liegt ein deutlicher Hinweis auf den römischen Brauch, die maiores zu loben, von dem Cicero spricht. Aber was bei Cicero eine einfache *Gegenüberstellung* der Nobilität und des homo novus war, wird bei ihm zu einer scharfen *Anklage* gegen die Nobilität. Aus der Dank- und Lobrede wird eine Parteirede [2]):

[1]) Nur wird wieder die Nobilität viel gehässiger gezeichnet: illud intellego, Quirites, nobilitatem locum invadundi quaerere. quo mihi acrius adnitundum est, uti neque *vos capiamini* et illi frustra sint (85, 5).

[2]) Cicero vermeidet dies, obwohl er den Gegensatz Nobilität — Volk bzw. Nobilität — homo novus ebenfalls andeutet. Er spricht nur davon, daß die

so hat Sallust diese Form umgestaltet, um damit zugleich die gehässige Art des Marius zu kennzeichnen. Der *Dank* ist in der Mariusrede in den Worten cum maximo vostro beneficio (85, 3) und accepta mercede (85, 9) mehr angedeutet als ausgesprochen. Und das *Lob* ist ebensosehr *Anklage* wie Selbstverherrlichung. Denn die Grundsätze seiner Lebensauffassung, die sich auf die römischen Tugenden virtus, industria, labor gründet, werden von der entgegengesetzten Haltung der luxuria, inertia, ignavia in stolzem Selbstbewußtsein abgehoben. Und dieser Gegensatz der Lebensauffassungen erscheint der Tendenz der Rede entsprechend als ein Gegensatz des homo novus und der Nobilität [1]. Da Sallust sich von dieser Parteitendenz distanziert (vgl. S. 7 u. S. 72 ff.), entspricht es keineswegs der wahren Meinung Sallusts, daß nur die Nobilität alle diese Untugenden und nur der homo novus Marius alle diese Tugenden besitze, sondern es ist vielmehr für ihn der Gegensatz einer römischen und einer unrömischen Haltung, den Marius in seinem parteiischen Interesse ausschlachtet [2]. Wohl hat nach Sallusts Meinung gerade auch die Nobilität in dieser Hinsicht schwer gesündigt, aber nicht sie allein. Marius dagegen schiebt ihr die ganze Schuld zu und nimmt die römische Haltung für sich allein in Anspruch. Dies ist die Parteitendenz der Rede. Der Gegensatz als solcher aber entspricht genau der Auffassung Sallusts von dem römischen Lebensideal und seinem Verfall [3]. Die Rede selbst zeigt dies so deutlich, daß es nach dem, was über dieses Ideal ausgeführt wurde, genügt, die Hauptteile der Rede hierher zu setzen

Hilfe der Nobilität ihm versagt sei, und als er von den Leuten spricht, von denen er Schlimmes erwartet, redet er nicht von nobiles, sondern von certi homines.

[1]) J 85, 13: comparate nunc, Quirites, cum illorum superbia me hominem novum gibt das Hauptthema der Rede an.

[2]) Insofern sind die Ausführungen Jos. Vogts in seinem Vortrag Homo novus, Stuttgart 1926, zu ergänzen, der in virtus, labor und industria das Ideal des homo novus, nicht wie wir, ein römisches Ideal schlechthin sieht.

[3]) Und daß er sie dem Marius in den Mund legt, ist ein Beweis dafür, daß er nach Sallusts Ansicht dieses römische Ideal verwirklicht hat. Nur hat er durch seine ambitio alles verdorben. In der Charakteristik des Marius ist das Urteil des Sallust klar ausgesprochen: ad consulatum capiundum praeter vetustatem familiae alia omnia abunde erant: industria, probitas, militiae magna scientia, animus belli ingens, domi modicus, lubidinis et divitiarum victor, tantummodo gloriae avidus (J 63, 2). Im übrigen ist auch in den folgenden Worten (zitiert u. S. 53) die Bewunderung des Sallust für Marius deutlich erkennbar.

und das Wichtigste durch den Druck hervorzuheben und hie und da durch Anmerkungen zu erläutern.

Die Rede beginnt mit dem Gegensatz von industria und ignavia und schlägt so gleich das Grundthema an: »Ich weiß, daß die meisten bei der Bewerbung sich von eifriger Tätigkeit (industria) erfüllt, unterwürfig und maßvoll zeigen und sich nachher durch Faulheit und Hochmut auszeichnen [1]). Ich weiß, daß der ganze Staat wichtiger ist als Praetur und Konsulat, und mir ist nicht unbekannt, welch schwere Arbeit *(quantum negoti)* mir bevorsteht. Den Krieg vorzubereiten, ohne die Staatskasse zu ruinieren, die zum Kriegsdienst zu zwingen, die man nicht beleidigen will, alles durchzusetzen gegen die mißgünstige Feindschaft der Gegenpartei, ist schwerer als man denkt (opinione *asperius*)« [2]). In einem heftigen

---

[1]) Ich gebe hier keine wörtliche Übersetzung, sondern eine freie Wiedergabe, die sich auf das für uns Wesentliche beschränkt.

[2]) Aufs neue also das Hervorheben von Arbeit und Gefahren, auf deren siegreiches Bestehen der Römer so stolz ist (vgl. Cato p. 33 Jordan, der überhaupt für die Mariusrede weitgehend Vorbild ist). Cicero hebt in der Rede De leg. agr. 2 und auch sonst unermüdlich Arbeit und Gefahren und Feindschaften hervor, die er für die res publica auf sich genommen habe. Z. B. in Caec. div. 63: »Immer war es die ehrenvollste Art der Anklage, für die Verbündeten, für das Heil einer Provinz, für die Interessen fremder Völker Feindschaften auf sich zu nehmen, der Gefahr entgegenzutreten, Mühe, Eifer und Anstrengung (laborem) einzusetzen«, in der gleichen Rede 72: »Mein Ruf steht auf dem Spiel, den ich durch Schweiß, Arbeit und Nachtwachen erworben habe«, Pro Sulla 5, In Pis. 4, Phil. 7, 7 usw., besonders eindrucksvoll im Schlußabschnitt der Sestiusrede, vor allem 138f., wo von den Politikern die Rede ist, die durch virtus und labor wahren Ruhm erwerben. Wie bei Sallust im Prooemium des Catilina und der Mariusrede wird virtus und dignitas und das Streben nach wahrer gloria der desidia und voluptas gegenübergestellt. Virtus hat hier ganz den gleichen römischen Klang wie bei Sallust: mihi omnis oratio est cum *virtute*, non cum *desidia*, cum dignitate, non cum voluptate, cum eis qui se patriae, qui suis civibus, qui laudi, qui gloriae, non, qui somno et conviviis et delectationi natos arbitrantur. Dem Scholiasten ist hier die Übereinstimmung mit dem alten Cato aufgefallen. Auf ihn geht die hier hervortretende Haltung zurück. — Marius zeigt sich auch sonst bei Sallust geradezu erpicht darauf, Arbeit und Mühsal zu bewältigen. Ihm erscheint dies geradezu als eine voluptas (J 100, 5): quod multi per ambitionem fieri aiebant, *pars* a pueritia consuetam duritiam et *alia quae ceteri miserias vocant voluptati habuisse* (So lese ich mit Dietsch, obwohl *pars* handschriftlich nicht bezeugt ist. Es scheint mir ebenso wie Dietsch, Einl. S. 92, unentbehrlich). Diese Haltung des Marius, der im Ertragen von Anstregung, Not und Gefahr eine Freude findet, ist dann in der Philosophie Senecas besonders stark zum Ausdruck gekommen, für die der

Angriff auf die Nobilität und ihre Ignoranz in militärischen Dingen, der in niederträchtigster Verdächtigung auch den Metellus treffen soll, dessen militärische Fähigkeiten über allen Verdacht erhaben waren, heißt es dann weiter: »Sie beneiden mich um meine Ehre: so mögen sie mich denn um meine Arbeit *(labor)* und meine Unbestechlichkeit und die Gefahren beneiden, die ich bestanden habe: denn durch dies alles habe ich jene Ehre gewonnen. Ich kann keine Ahnenbilder aufweisen und keine Triumphe und Konsulate meiner Vorfahren, aber, wenn es sein muß, meine militärischen Auszeichnungen, die Lanzen und Fahnen und phalerae und außerdem die Narben auf der Brust. Das sind meine Ahnenbilder, das ist mein Adel, den ich nicht ererbt habe, sondern (zum wievielten Male wird das hervorgehoben?) durch unzählige Mühen und Gefahren (meis plurimis *laboribus* et *periculis*) erworben habe. Meine Worte sind nicht wohl gefügt. Was liegt daran? Die virtus offenbart sich selbst genügend. Jene brauchen die Kunstgriffe, um ihre schändlichen Taten durch die Rede zu verdecken. Und ich habe auch die griechische Literatur nicht studiert: es schien mir zwecklos, sie zu studieren, hat sie doch ihren Lehrern nichts zur virtus geholfen. Aber dies, was das beste ist für die res publica, habe ich gelernt: nichts zu fürchten außer der Schande, Winter und Sommer gleich zu ertragen, auf dem Boden zu schlafen, Not und Anstrengung *(labor)* gleichzeitig auszuhalten. Sie nennen mich proletenhaft [1]) und ungebildet, weil ich es nicht verstehe, ein Gastmahl kunstgerecht herzurichten, und weil ich mir keinen Schauspieler halte und meinen Koch nicht teurer bezahle als meinen Gutsverwalter. Das gebe ich alles gern zu, Quiriten. Denn von meinem Vater und anderen ehrwürdigen Männern habe ich gelernt, daß Eleganz und Luxus den Frauen, den Männern aber *Arbeit* gezieme, und alle Anständigen mehr Ruhm als Reichtum haben müßten, daß Waffen, nicht die Innenausstattung des Hauses zur Zierde gereichten. Mögen sie doch immer tun, was sie freut und was ihnen

---

Kampf mit dem Schicksal Lust und höchste Erfüllung bedeutet, vgl. z. B. De prov. 4, 3: quidam ipsi ultro se cessantibus malis obtulerunt et virtuti iturae in obscurum occasionem per quam enitesceret quaesierunt. *gaudent*, inquam, *magni viri aliquando rebus adversis* non aliter quam fortes milites bellis . . . avida est periculi virtus. Genau das gleiche auch bei Lucan. Z. B. heißt es in der Rede Catos vor dem letzten Marsch durch die Wüste (9, 402): serpens sitis ardor harenae *dulcia virtuti*; *gaudet patientia duris*.

[1]) Sordidus »schmutzig, armselig«, wie oft in sozialem Sinn.

teuer ist: mögen sie huren und saufen, mögen sie dort ihr Alter verleben, wo sie ihre Jugend verbracht haben, bei Gelagen, dem Bauch ergeben und dem schändlichsten Körperteil; Schweiß und Staub und anderes der Art mögen sie uns überlassen, denen das lieber ist als Schmausereien. Aber so ist es wieder nicht. Sobald sie sich durch Schandtaten entehrt haben, dieser Abschaum von Menschen, kommen sie her, den Anständigen ihren Lohn zu entreißen. So bringen Genußsucht und Faulheit, die schlimmsten Laster, denen, die ihnen fröhnen, keinen Schaden, nur der res publica, die keine Schuld hat, sind sie zum Verderben«.

In diesen wunderbar gestrafften und zugleich leidenschaftlich pathetischen Sätzen formt sich Sallusts Anklage gegen seine eigene Zeit. Man erinnert sich der ausfälligen Bemerkung über die luxuria im Heere Sullas (o. S. 40). Man erinnert sich der Stelle aus dem gleichen geschichtsphilosophischen Abschnitt: »Von mehreren Privatleuten wurden Berge abgetragen und Meere zugeschüttet. Nicht geringer war die Gier nach Unzucht, Schwelgerei und all den anderen Genüssen des Lebens, die Männer ließen sich wie Weiber mißbrauchen, die Frauen hielten ihre Keuschheit offen feil, um des Essens willen durchforschten sie alle Länder und alle Meere; sie schliefen, bevor sie Bedürfnis danach hatten; Hunger und Durst, Kälte und Müdigkeit warteten sie nicht erst ab, sondern kamen all dem durch ihre ausschweifende Genußsucht zuvor«. Mit krassen Farben wie in der Mariusrede wird hier der Gegensatz zum römischen Lebensideal ausgemalt. In der Mariusrede wird darüber hinaus im Grunde nicht nur die Ausschweifung gebrandmarkt, sondern alles, was nicht harte Arbeit ist, schlechtweg abgelehnt. In der Charakteristik des Marius spricht Sallust von dessen strenger Erziehung mit unverhohlener Bewunderung, von der griechischen facundia aber, die für die ganze griechische Bildung steht, mit unverkennbarer Abneigung (J 63, 3): is natus et omnem pueritiam Arpini altus, ubi primum aetas militiae patiens fuit, stipendiis faciundis, non Graeca facundia neque urbanis munditiis sese exercuit: ita *inter artis bonas integrum ingenium* brevi adolevit[1]). Ebenso

[1]) Die Anknüpfung an das catonische Vorbild ist nicht zu verkennen, vgl. z. B. Cato, De suis virtutibus contra Thermum, fr. 1 (p. 43 Jordan): Ego iam a principio in parsimonia atque in duritia (cf. über Marius J 100, 5: a pueritia consuetam duritiam) atque industria omnem adulescentiam meam abstinui, agro colendo, saxis Sabinis, silicibus repastinandis atque conserendis; fr. 2: quid mihi fieret, si non ego stipendia omnia ordinarius meruissem semper.

wird die Erziehung des Jugurtha, die sich außerhalb jeder geistigen Bildung abspielt, mit sichtlicher Anerkennung geschildert (J 6, 1): Qui ubi primum adolevit, pollens viribus, decora facie, sed multo maxume ingenio validus, *non se luxu neque inertiae corrumpundum dedit*, sed, uti mos gentis illius est, *equitare*, *iaculari*, *cursu cum aequalibus certare*, et quom omnis gloria anteiret, omnibus tamen carus esse; ad hoc *pleraque tempora in venando agere*, leonem atque alias feras primus aut in primis ferire, *plurumum facere et minumum ipse de se loqui*. Dies ist *virtus* im römischen Sinn, und nicht zufällig fällt dieser Ausdruck in den Worten, die der ausgehobenen Stelle unmittelbar folgen: »Anfangs freute sich Micipsa hierüber, weil er glaubte, daß die *virtus* des Jugurtha seinem Königreich Ruhm bringen werde«. Die Kunst der Rede, die griechische Bildung, jede Art von Lebensgenuß, Reichtum und Bequemlichkeit, aber auch der ganze Bereich der Kunst hat für dieses Ideal nur negative Bedeutung [1]). Virtus, labor, industria, vigilantia, paupertas, duritia, continentia sind nicht nur die höchsten, es sind neben den im engeren Sinn politischen Tugenden: moderatio, aequitas, fides usw. die *einzigen* Werte, römisch gesprochen: es sind die einzigen, denen die wahre gloria folgt.

Man spürt in diesen Gedanken die Verwandtschaft mit der stoisch-kynisierenden Richtung, die in Varros Schriften, dann in Horaz [2]) und immer stärker im ersten Jahrhundert der Kaiserzeit durchbricht. Es wäre jedoch ganz falsch, wie es üblich ist, diese kynische Strömung im Römertum und im Sallust einseitig dem Einfluß der griechischen Philosophie zuzuschreiben. Dieser »Kynismus« ist vielmehr, wenn man diese Bezeichnung nicht für eine philosophische Richtung, sondern eine bestimmte kulturkritische

---

[1]) Die feine Bildung der Sempronia gilt offensichtlich als ein Makel (C 25, 2): litteris Graecis Latinis docta, psallere saltare elegantius quam necesse est probae, multa alia quae instrumenta luxuriae sunt. Auch bei Sulla dient die Bemerkung: litteris Graecis atque Latinis iuxta atque doctissum*i* (so möchte ich lesen statt des überlieferten atque doctissum*e*, das in den Ausgaben getilgt wird) eruditus nicht dazu, ihn sympathischer zu machen (J 95, 3). Die Bildung tritt bei ihm (wie bei manchen, die der alte Cato verurteilte) neben die luxuria. Vgl. ep. ad Caes. 2, 9, 3: parantur haec (die Redekunst) disciplina Graecorum. sed virtus, vigilantia, labor apud Graecos nulla sunt.

[2]) Über gedankliche Berührungen von Sallust und Horaz vgl. SCHÖRNER, Sallust und Horaz über den Sittenverfall und die sittliche Erneuerung Roms, Diss. Erlangen 1934.

Haltung gelten lassen will, dem römischen Wesen ursprünglich immanent. Das Lebensideal, das Sallust schildert, ist im wesentlichen das altrömische Lebensideal Catos. Es ist schon im zweiten Jahrhundert aus der römischen Wirklichkeit ins Bewußtsein gehoben worden: was den Römern einst Natur gewesen war, wurde damals, mit Hölderlin zu reden, Ideal. Die kynisch-stoische Philosophie aber hat im römischen Reich deshalb einen solchen Aufschwung genommen, weil sie dem römischen Ideal entsprach [1]).

Dieses römische Ideal baut sich in Grundsätzen auf, die alle ausschließlich der Macht und der Größe der res publica dienen. Marius selbst hebt hervor, daß seine Tugenden der res publica förderlich waren, so wie die Haltung der nobiles den Staat an den Rand des Abgrundes gebracht hat, und er spricht hier die Meinung Sallusts aus. Heißt das nun, daß die res publica für das römische Denken eine gewaltige, ja alles andere schlechtweg ausschließende Bedeutung gehabt habe? Ich glaube, daß man diesen Schluß mit Richard Heinze ziehen muß. Doch niemals kann diese zentrale Stellung der res publica im Dasein der Römer *allein* die Eigenart jener Wertgedanken erklären, und auch nicht die Art und Weise, wie sie verkündet und begründet werden. Virtus, labor, industria werden nämlich, um die römische Auffassung, wie sie bei Sallust hervortritt, pointiert zu formulieren, nicht darum als Ideale empfunden, weil sie der res publica nützen, sondern sie nützen der res publica, weil es Ideale sind. Wohl ist der Nutzen für den Staat mit ihnen untrennbar verbunden, aber er wird von Sallust selbst in der Rechtfertigung seiner Geschichtsschreibung (s. o. S. 36 f.) erst an zweiter Stelle genannt. Und das ist kennzeichnend genug. Es wird bei ihm und, irre ich nicht, bei den Römern überhaupt, viel mehr vom Moralischen als vom Politischen geredet, nicht weil den Römern die Politik in zweiter Linie stünde, sondern weil sich für ihre Auffassung aus der Anwendung der moralischen Grundsätze die Größe der res publica nahezu von selbst ergibt. *Moribus* antiquis stat res Romana virisque ist für den Römer ein Grundsatz seines *politischen* Denkens. Ciceros Schrift De re publica,

---

[1]) Dieser innere Zusammenhang ist m. W. nirgends klar ausgesprochen; z. B. wird er in dem sonst so verdienstlichen Buche Oltramares, La diatribe romaine, Lausanne 1926, mit keinem Wort erwähnt. Er muß zu einer ganz neuen Beurteilung der kaiserzeitlichen Literatur führen, was ich in einer Arbeit über den älteren Plinius demnächst zu zeigen beabsichtige.

der wir dies Enniuszitat verdanken, ist ganz auf diesem Gedanken aufgebaut, und die römische Staatsgesinnung stimmt hier mit der politischen Philosophie der Griechen überein. Die moralischen Prinzipien sind die politischen Prinzipien. Die tiefste Ursache aber, daß dies so ist, liegt in folgendem: es sind nicht nur politisch bedingte Forderungen, sie werden nicht nur aus rationalen Überlegungen und auch nicht allein aus der Liebe zur res publica und aus dem Stolz über die Größe und Herrlichkeit des römischen Reiches erhoben, sondern sie sind ursprünglich da. *Sie sind im römischen Volkscharakter begründet.* Sie wirken sich ebenso in der Familie wie in der res publica aus. Sie beherrschen die römische Lebenshaltung schlechthin. Sie haben sich in den vorliterarischen Jahrhunderten der römischen Geschichte, wo das römische Dasein zwischen unsäglich harten Kämpfen und mühseliger Bauernarbeit geteilt war, geformt und gefestigt. Lebensgenuß, Kunst, Bildung, Kultur sind nicht Werte untergeordneten Ranges, auf die man zu Gunsten der res publica verzichtet, sondern es sind überhaupt keine Werte. Keine Spur auch davon, daß die Härten und Mühen des Kampfes aufgehoben oder verklärt würden durch den idealistischen Glauben dessen, der sie besteht. Sie werden vielmehr in ihrer ganzen Härte und Schwere empfunden. Ja, sie werden gerade um ihrer Härte willen gesucht, und je härter sie sind und schwerer, um so mehr. Denn um so größer ist dann — der Nutzen für die res publica? Nein, um so größer ist der *Ruhm* (wobei gloria und res publica bei Sallust allerdings eng zusammenhängen[1])). Man er-

[1]) KNOCHE, Der römische Ruhmesgedanke, Philol. 89, 1934, hat nachgewiesen, daß die gloria in der alten Zeit nur dem folgte, der etwas Großes für die res publica geleistet hatte. Im ersten vorchristlichen Jahrhundert sei dann ein tiefgreifender Wandel eingetreten. Hier sei die große Tat schlechthin, nicht die für den Staat nützliche Tat maßgebend geworden (S. 115). Das ist wohl eine richtige Erkenntnis. Und es ist möglich, daß, wie Knoche will, Sallusts Worte aus dem Catilinaprooemium (C 2, 9): is demum mihi vivere atque frui anima videtur, qui aliquo negotio intentus praeclari facinoris aut artis bonae famam quaerit als Zeugnis dieser neuen Gesinnung gelten dürfen. Doch ist zu beachten, daß die Betonung der gloria mit der, wie wir sahen, in der Tat neuartigen Gesamttendenz der Prooemien aufs engste verknüpft ist, und daß die hier vertretene Auffassung nicht für die des Sallust schlechthin gelten kann, und es ist immerhin bemerkenswert, daß auch hier gloria an virtus und industria gebunden ist (Prooemien des Catilina und Jugurtha; ep. ad Caes. 2, 7, 7f.), d. h. an spezifisch römische, und das bedeutet: moralische Werte, die zugleich *politische* Werte sind. Ich glaube daher, daß auch noch für Sallust (wie für

innere sich an Marius, der Capsa belagert, quia res aspera videbatur, und an Caesar, der sich einen neuen Krieg wünschte, ubi virtus enitescere posset (C 54, 4). In der Überwindung des Schweren liegt ein Triumph der Selbstbeherrschung und des Willens, der dem Römer als das Höchste erscheint [1]). Es ist unleugbar etwas Großes in diesem Ideal. Und doch dürfen wir uns die Einseitigkeit dieser Haltung nicht verhehlen, die nicht nur Genußsucht und ein bequemes Leben verachtet, sondern für die Kunst und das Schöne in allen seinen Formen, für Traum und Mythos, für Leidenschaft und Überschwang keinen Raum läßt [2]). Und so werden wir als die tiefste Ursache dieser römischen Haltung auf die fast erschreckende Realität des römischen Denkens geführt. Nicht in der alles andere ausschließenden Hingabe an die res publica liegt das Entscheidende — diese kann sich (wie wir wissen) in reicheren

Cicero) der wahre Ruhm von dem Nutzen für den Staat nicht völlig zu trennen ist, auch wenn er nicht ausdrücklich davon spricht. Mag das starke Hervortreten des Ruhmesgedankens im Sallust auf Rechnung einer vom Hellenismus und insbesondere auch von einer bestimmten stoischen Haltung beeinflußten Gesinnung zu setzen sein, so ist doch höchstens von einer Gewichtsverlagerung zugunsten der gloria und zuungunsten der res publica zu sprechen, nicht von einer völligen Trennung. Auch ist keineswegs mit Sicherheit auszumachen, ob die starke Betonung der gloria, wie wir sie im Sallust vorfinden, altrömischem Empfinden anstößig gewesen wäre. Daß Cicero in seinen Staatsreden ebenso wie Sallust in der gloria den höchsten Wert sieht (Belege hierfür bei Knoche a. O. 112), läßt die Möglichkeit offen, daß es in der alten Zeit ebenso gewesen ist. Denn Cicero legt in seinen Staatsreden den größten Wert darauf, sich mit der altrömischen Tradition in Einklang zu setzen. Sallust selbst jedenfalls war der Auffassung, daß das Streben nach gloria eine wichtige Triebkraft des römischen Aufstiegs gewesen ist (C 7: ea tempestate coepere se quisque magis extollere magisque ingenium in promptu habere . . . civitas incredibile memoratu est adepta libertate quantum brevi creverit: tanta cupido gloriae incesserat . . . gloriae maxumum certamen inter ipsos erat . . . laudis avidi, pecuniae liberales erant; gloriam ingentem, divitias honestas volebant).

[1]) Und darin, nicht im Ruhmesgedanken als solchen, liegt der Unterschied zum Griechischen. Ruhm ist auch im Griechischen der höchste Wert, das aber, woran der Ruhm sich knüpft, unterscheidet sich beträchtlich.

[2]) Vgl. Dilthey, Ges. Schr. II 9: Die ganze Kraft römischen Denkens sammelt sich in der Kunst und den Regeln der Lebensbeherrschung. S. 11 spricht er davon, daß für das römische Bewußtsein nur das Denken, welches im Dienste des Herrschaftswillens wirke, eines Römers würdig sei. S. 29: »(In Macchiavelli) entsteht *die Willensmacht des römischen Wesens* neu, *welcher das Ziel des Lebens Herrschaft,* diese ein Kalkül des Verstandes und alle *Kultur,* Priester, Tempel, Wissen, Dichtung, Sinnesleben nur *Mittel* und Komplemente dieses Imperatorenwillens sind.«

und tieferen Formen vollziehen —, sondern in der Art, wie der Römer der Wirklichkeit gegenübersteht. Er will sie bezwingen und beherrschen, und weil er sie nüchtern und realistisch sieht und die ungeheuren Widerstände, die sie dem Willen des Menschen entgegengesetzt, in ihrer ganzen Gewalt begreift, ist er geneigt, auf alles andere zu verzichten, oder, richtiger gesagt, alles andere gar nicht erst in den Kreis seines Daseins einzulassen, um in fast grausamer Härte gegen sich selbst sich zu der Leistungskraft zu erziehen, die es ihm ermöglicht, ein möglichst großes Stück Wirklichkeit möglichst sicher in seine Gewalt zu bringen und sich in seinem Besitz zu behaupten. Wenn er dies nicht vermag, kann er sich nur genießend und habgierig an die Welt verlieren, er kann sie aber nicht — ein drittes neben labor und luxuria gibt es für Sallust und für das Römertum alten Schlages nicht — in wirklicher innerer Freiheit betrachten oder in philosophischem Denken, in dichterischer Schau, in politischem Handeln zu einer idealen Wirklichkeit, einem Mythos, verklären. Die größten römischen Autoren freilich haben es vermocht — dank der Erlösung des Römertums durch den griechischen Geist, der ihnen eine neue Dimension des Daseins gab —, und es ist kein Zufall, daß Cicero und dann Virgil, Horaz, Livius und Augustus selber diese altrömische Haltung wohl kennen, aber sie ihrer Rigorosität entkleiden und ein neues Ideal des Römertums schaffen, das das alte nicht verdrängt, aber überhöht. Sallust dagegen gehört, wie Cato und Varro, zu denen, die nicht in der Ausweitung des Altrömischen, sondern in der rigorosesten Rückkehr zu ihm das Heil erblicken. Was sie von den Griechen in ihre eigene Haltung aufnehmen, ist nicht die platonische Philosophie und die Dichtung, sondern es sind bezeichnenderweise Gedanken der mythosfernsten Richtung des griechischen Denkens: der stoischen und der kynischen Philosophie [1]), die von Varro und Sallust und dem jüngeren Cato und, wie ich glauben möchte, auch schon von dem älteren, begierig aufgegriffen wurden, um jene römische Haltung zu stützen. Diese von stoischen und kynischen Gedanken mitgeformte römische Haltung hat dann in der Kaiserzeit eine ungeheure Wirkung gehabt und nach Richtung und Tiefe so verschiedene Denker wie Seneca, den älteren Plinius und Tacitus vereint.

---

[1]) Über den stoischen Einfluß, vor allem auf die Prooemien, besonders Pantzerhielm a. O. Über die Verwandtschaft sallustischer Gedanken mit solchen aus der kynischen Diatribe Oltramare a. O. 124.

MODERATIO

ANIMUS IN CONSULENDO LIBER NEQUE DELICTO NEQUE LUBIDINI OBNOXIUS. MODESTIA. PUDOR. AEQUITAS. CONTINENTIA.

Neben der industria, die wir im Zusammenhang des Virtusideals im ersten Teil betrachtet haben, und der gerechten Herrschaft, die im dritten erörtert wird, hat nach den Worten Catos die Freiheit der Seele von Schuld und Leidenschaft Rom groß gemacht, und umgekehrt die Zügellosigkeit der Leidenschaften, der Macht- und Genußsucht [1]), seine Größe vernichtet [2]).

In dem Exkurs des Jugurthinischen Krieges über den mos partium ac factionum (J 40, 3—5. 41. 42) hat Sallust die verhängnisvolle Rolle der Leidenschaften in der römischen Politik geschildert: »Es ist unglaublich, wie kampfeseifrig damals die Plebs war, und mit welcher Gewalt sie die Rogation (des Mamilius) durchsetzte, mehr aus Haß gegen die Nobilität, der hierdurch Schaden zugefügt wurde, als aus Sorge für die res publica. So groß war die Parteileidenschaft (tanta *lubido* in partibus erat) . . . die Untersuchung wurde infolge des erregten Tobens der Plebs (ex rumore atque *lubidine* plebis) in rauhem und heftigem Ton geführt. Wie oft zuvor die Nobilität, so hatte damals unverschämtes Gebaren die Plebs ergriffen«. »Vor Carthagos Zerstörung beherrschte maßvolle Gesinnung und versöhnliche Haltung die römische Politik und ihre beiden Hauptträger Senat und Volk (ante Carthaginem deletam populus et senatus Romanus placide modesteque inter se rem publicam tractabant), und zwischen den Bürgern war kein Streit um Ruhm und Herrschaft. Sobald aber jene Angst vor Carthago gewichen war, da riß das ein, was das Glück gern mit sich bringt, Zügellosigkeit und Überheblichkeit (*lascivia* und *superbia*) . . . denn

[1]) Avaritia, ambitio, luxuria im gleichen Abschnitt der Catorede (52, 22) genannt. Vgl. auch Sallusts Betrachtung über die Ursachen politischer Größe ep. ad Caes. 1, 7, 4: omnes victores divitias contempsisse et victos cupivisse. neque aliter quisquam extollere sese et divina mortalis attingere potest, nisi omissis pecuniae et corporis gaudiis animo indulgens, non adsentando neque concupita praebendo, pervorsam gratiam gratificans, sed in labore patientia bonisque praeceptis et factis fortibus exercitando.

[2]) Die Verwandtschaft mit griechischen, insbesondere stoischen Gedanken, ist evident, ebenso wie die »Pathologie« des Thuk. als inhaltliches und formales Vorbild. Uns kommt vor allem darauf an, die *römischen* Zusammenhänge herauszuarbeiten. Eine Aufarbeitung der stoischen Gedanken im *Gesamtwerk* des Sallust steht noch aus.

der Adel begann seine Würde, das Volk seine Freiheit in leidenschaftliche Gier zu verwandeln (in *lubidinem* vortere), ein jeder alles an sich zu bringen, zu plündern, zu rauben[1]): *ita omnia in duas partis abstracta, res publica quae media fuerat dilacerata*«. Neben odium, insolentia, lascivia, superbia erscheint hier wieder, wie in der Catorede (animus neque delicto neque *lubidini* obnoxius) der Begriff der lubido. Er bedeutet bei Sallust gelegentlich die Willkür[2]), meist aber, wie auch hier, die Zügellosigkeit, die unbeherrschte Leidenschaft, die sich ebenso in Habsucht und Gier: omnia ducere, trahere, rapere, wie in blinder Begünstigung und blindem Haß äußert[3]). Es hat fast immer einen schlechten Klang[4]). So heißt tanta lubido in partibus erat: »So groß war die Zügellosigkeit der Parteien« oder: »So groß war die Parteileidenschaft[5])«.

[1]) Ducere, trahere, rapere rhetorische Klimax wie Ciceros excessit, evasit, erupit. Vgl. das antike Urteil, man müsse Sallust nicht als Historiker, sondern als Redner betrachter (Gran. Licin. p. 33 Flemisch: Sallustium non ut historicum aiunt, sed ut oratorem legendum).

[2]) Z. B. J 31, 7: utriusque cladis non lex, verum lubido eorum finem fecit. C 51, 25: (fortunae) lubido gentibus moderatur. C 8, 1: (fortuna) magis ex lubidine quam ex vero celebrat obscuratque.

[3]) J 73, 4: imperatori (i. e. Metello) nobilitas quae ante decori fuit, *invidiae* esse; at illi alteri (i. e. Mario) humilitas *favorem* addiderat. ceterum in utroque magis *studia partium* quam bona aut mala sua moderata. Der Einfluß der griechischen Psychologie ist hier deutlich. Es wäre eine dankenswerte Aufgabe, die Einwirkung der Leidenschaften auf die Gestalten Sallusts und überhaupt seine Kunst der Charakterdarstellung einmal im Zusammenhang zu untersuchen und dabei den Anteil, den die griechische Philosophie und Geschichtsschreibung daran hat, klarzustellen (Entwicklung des Charakters, den Leidenschaft und Gier in steigendem Maße ergreift; Schilderung zwiespältiger Menschen, die von metus und libido zerrissen werden usw. Kurze Hinweise hierzu bei Kroll in der Besprechung von Seels Sallust, Gnomon 1932, 323, gute Bemerkungen auch bei Bauhofer, Die Komposition der Historien Sallusts, Diss. München 1935). Die einzige Arbeit zu diesem Thema, Lotte Alheit, NJb 1919, die im übrigen, obwohl in der Tendenzhypothese befangen, nicht ohne Interesse ist, geht an unserer Frage völlig vorbei.

[4]) C 7, 4: magisque in decoris armis et militaribus equis quam in scortis atque conviviis *lubidinem* habebant ist der Begriff lubido ἀπὸ κοινοῦ auch zu dem ersten Satzteil gezogen, bzw. anders ausgedrückt, er ist durch die Begriffe scorta atque convivia attrahiert. Auch J 84, 3 soll wohl das unbeherrschte und unüberlegte Verlangen der Plebs mit lubido bezeichnet werden (tanta lubido cum Mario eundi plerosque invaserat). Daß Sallust überhaupt dazu neigt (wie z. B. auch Thukydides), das Volk als Massse nicht allzu günstig darzustellen, zeigt der Catilina-Exkurs (C 36, 4—39, 3).

[5]) Ebenso J 40, 5: quaestio exercita aspere violenterque ex rumore et *lubidine* plebis.

Der Gegenbegriff ist hier modestia (placide *modesteque* rem publicam inter se tractabant), die Selbstbeherrschung, die Disziplin [1]), wie in dem inhaltlich vergleichbaren Exkurs über die Zersetzung des römischen Staates im Catilina (36, 4—39, 3), wo über den Kampf der Parteien gesagt wird: neque illis *modestia* neque *modus* contentionis erat [2]). utrique victoriam crudeliter exercebant [3]). Ganz ähnlich heißt es am Ende des Jugurtha-Exkurses anläßlich der Gracchischen Wirren, daß den Gracchen der »maßvolle« Sinn (animus *moderatus*) gefehlt habe (J 42, 2), wie umgekehrt die Nobilität ex *lubidine* sua viele durch Eisen oder Verbannung ausgelöscht habe: quae res plerumque magnas civitatis pessum dedit, dum alteros vincere quovis modo et victos acerbius ulcisci volunt. Das größte Beispiel von Maßlosigkeit ist Catilina: vastus animus *immoderata* incredibilia nimis alta semper cupiebat (C 5, 5).

Neben modestia und moderatio bezeichnet noch eine Reihe anderer Begriffe das Ideal der Selbstbeherrschung und Mäßigung. Wie in dem Jugurtha-Exkurs der lascivia, superbia und lubido

---

1) Die Bedeutung »Selbstbeherrschung« ist durch Sallust C 51, 16 gesichert: Caesar weist den Gedanken von sich, daß Silanus bei dem Antrag auf Todesstrafe gegen die Catilinarier sich von Freundschaft oder Feindschaft oder von den Leidenschaften ira und misericordia habe leiten lassen, die Caesar im Anfang seiner Rede schilderte (s. u. S. 63 f.): eos mores eamque *modestiam* viri cognovi. Daß er sich nicht von Haß und Gunst bestimmen läßt, erweist die modestia des Mannes, d. h. seine maßvolle Gesinnung und selbstbeherrschte Haltung. Modestia entspricht so der griechischen σωφροσύνη, die Cicero Tusc. III 16 u. a. mit modestia wiedergibt: eamque virtutem σωφροσύνην vocant, quam soleo equidem tum temperantiam tum moderationem appellare, nonnumquam etiam *modestiam*. Die Bedeutung »Disziplin« wird durch J 44, 1 deutlich: exercitus ei traditur a Sp. Albino proconsule iners imbellis, neque periculi neque laboris patiens ... sine imperio et *modestia* habitus. Modeste parere = diszipliniert gehorchen ist eine bei Sallust, Livius und Cicero geläufige Verbindung.

2) Der Doppelpunkt, der an dieser Stelle in AHLBERGS Ausgabe (und auch in andern Ausgaben, z. B. bei EUSSNER) steht, ist irreführend. Die grausame Ausübung des Sieges ist nicht nur als Erklärung dafür anzusehen, daß der Kampf ohne Maß geführt wurde. Maßlosigkeit des Kampfes und Maßlosigkeit des Sieges sind hier wie an der Parallelstelle J 42, 4 getrennt: oben zitiert.

3) Hier wird also die clementia gefordert, die im Abschnitt über das imperium iustum behandelt wird. Die moderatio ist ein Hauptgrundsatz der römischen Außenpolitik, und so könnte alles, was im vorliegenden Abschnitt erörtert wird, auch im folgenden (imperium iustum) untergebracht werden. Wir haben eine gesonderte Behandlung vorgezogen, weil moderatio nicht nur ein Prinzip der Politik, sondern ein Grundbegriff der römischen Haltung ist.

(41, 3 bzw. 41, 5) als Gegensatz die modestia gegenübergestellt wird, so ist im Catilina-Prooemium continentia und aequitas [1]) das Gegenteil von lubido und superbia: verum ubi . . . pro *continentia* et *aequitate* lubido atque superbia invasere, fortuna simul cum moribus immutatur (C 2, 5). Während moderatio allgemein die Mäßigung, modestia und continentia [2]) die Selbstbeherrschung als persönliche Haltung bezeichnen, geht aequitas mehr auf das politische Verhalten. Aequitas ist als der Gegensatz zu superbia die Gerechtigkeit, die sich darin äußert, daß sie sich gegen alle Bürger, gleichgültig ob hoch oder niedrig, gleich verhält, vgl. z. B. Cicero De off. II 83: eaque est summa ratio et sapientia boni civis commoda civium non divellere atque omnis *aequitate* eadem continere; ebd. I 64: difficile autem est, cum praestare omnibus concupieris, servare *aequitatem*, quae est iustitiae maxime propria. Topica 23: Valeat aequitas, quae paribus in causis paria iura desiderat [3]). Nächstverwandt schließlich mit modestia ist pudor, die selbstbeherrschte Zurückhaltung. Von Cato heißt es: cum modesto pudore certabat (C 54, 6).

Der Exkurs über die »Unsitte der Parteien und Cliquen« könnte die Vermutung nahelegen, daß die Forderung nach aequitas, continentia, pudor, modestia, moderatio bei Sallust aus den Zeitumständen, aus dem Elend, in das Rom durch das Parteiwesen gestürzt wurde, entstanden wäre. Dies ist aber nicht ganz der Fall. Wohl erhält sie durch die politische Entwicklung erhöhte Aktualität und wäre ohne sie nicht in dieser Schärfe erhoben worden, wie ja die ganze Bemühung Sallusts, die Ursachen von Roms Größe und Verfall zu ergründen, von der politischen Not ihren inneren Antrieb und ihre besondere Intensität erhält. Aber sie ist

---

[1]) Verbindung von aequitas und modestia H I 9: neque amplius . . . aequo et modesto iure agitatum.

[2]) Verwandt mit der continentia ist die innocentia, durch die sich z. B. Marius (J 85, 4. 18) und Metellus (J 46, 1) auszeichnen. Beide stehen im Gegensatz zur avaritia, die eine der Hauptgründe des Verfalls und die Hauptursache der diplomatischen und militärischen Niederlagen ist, die Rom von Jugurtha erleidet. — Alle diese Tugenden der Mäßigung empfiehlt Cicero seinem Bruder Quintus, der damals die Provinz Asia verwaltete (ad Qu. fr. 1, 1): integritas, continentia (§§ 8; 18), moderatio animi, temperantia (§ 9), pudor (§ 18), aequitas (§ 20: qua re sit summa in iure dicendo severitas, dummodo ea ne varietur gratia, sed conservetur *aequabilis*), gravitas und constantia (§§ 18; 20), facilitas (§ 21), comitas, lenitas, humanitas, mansuetudo, clementia (§§ 21 ff).

[3]) Über aequitas vgl. auch u. S. 82, 2.

älter. »Mäßigung« ist ein konstantes Prinzip der römischen Politik von jeher gewesen [1]). In der Rede Caesars, wo die moderatio als Prinzip der römischen Politik am klarsten begründet wird, wird sie an historische Beispiele angeknüpft, und diese Anknüpfung, die sich aus dem Brauch der politischen Rede ergibt, exempla maiorum gleichsam als Praejudiz anzuführen, läßt deutlich erkennen, daß Sallust sich in der Forderung der moderatio bewußt an die alte römische Politik anschließt. Die entscheidende Stelle lautet: »Alle Menschen, die über zweifelhafte Dinge beraten, müssen frei sein von Haß und Freundschaft, von Zorn und Mitleid. Nicht leicht trifft der Geist richtige Vorsorge, soweit jene im

---

[1]) Polybios über römische μετριότης (27, 8, 8): ἴδιον γὰρ τοῦτο πάντῃ παρὰ Ῥωμαίοις ἔθος καὶ πάτριόν ἐστι τὸ κατὰ μὲν τὰς ἐλαττώσεις αὐθαδεστάτους καὶ βαρυτάτους φαίνεσθαι, κατὰ δὲ τὰς ἐπιτυχίας ὡς μετριωτάτους. Vgl. z. B. auch was Diodor 32, 4, 4 (nach Gelzer, Philologus 1931, 290f., aus Polybios) über die römische ἐπιείκεια berichtet: 'die Römer richteten durch Tapferkeit die Weltherrschaft auf, zur größten Ausdehnung brachten sie sie, indem sie die Besiegten aufs mildeste (ἐπιεικέστατα) behandelten. Denn so sehr enthielten sie sich der Grausamkeit und der Rache gegenüber den Unterlegenen, daß sie sie nicht wie Feinde, sondern wie Wohltäter und Freunde zu behandeln schienen. . . den einen gaben sie Anteil am Bürgerrecht, den andern gewährten sie connubium, einigen ließen sie Autonomie. Wegen des Übermaßes an Milde (ἡμερότητος) liefen Könige, Städte und Völker zur römischen Herrschaft über.' Diese und weitere Stellen aus Polybios bei H. Fuchs, Der geistige Widerstand gegen Rom, Berlin 1938, 28, 6. Ferner T. Quinctius Flamininus bei Polybios 18, 37, 7: πολεμοῦντας γὰρ δεῖ τοὺς ἀγαθοὺς ἄνδρας βαρεῖς εἶναι καὶ θυμικούς, ἡττωμένους δὲ γενναίους καὶ μεγαλόφρονας, νικῶντάς γε μὴν μετρίους καὶ πραεῖς καὶ φιλανθρώπους. Cicero legt die Forderung der »Beherrschtheit« geradezu in einem Staatsgesetz nieder (De leg. III 10): Quae cum populo quaeque in patribus agentur, modica sunto; und in der Erklärung hierzu heißt es dann (III 40): id est modesta atque sedata, actor enim moderatur et fingit non modo mentem ac voluntatem, sed paene vultus eorum, apud quos agit. In der zweiten Rede gegen Antonius (II 10) sagt er von sich, daß er in seinem ganzen Leben und in seinen Reden moderatio und modestia gewahrt habe. Über die moderatio als politisches Ideal Ciceros vgl. Pöschl, Röm. Staat und griech. Staatsdenken bei Cicero, 88. Dort auch ein Hinweis auf das gleiche Prinzip in der griechischen Staatsphilosophie. Auch für Thukydides ist Maßhalten oberste politische Tugend V 111; VIII 97, 2. 3, vgl. auch die Rede des Archidamos (hauptsächlich I 84) und die Rede der Spartaner in Athen nach der Einschließung ihrer Landsleute in Sphakteria (IV 17ff.), in der Thukydides die Verurteilung der maßlosen Politik des Kleon indirekt ausspricht, ferner die Rede des Diodotos III 41ff., die der Caesarrede besonders nahesteht. Über die hohe Einschätzung, die Polybios der μετριότης widerfahren läßt, vgl. z. B. I 88, 3. II 61, 4. V 9ff.

Wege stehen, und noch kein einziger hat zugleich der unbeherrschten Leidenschaft (lubidini) [1]) und dem Nutzen gehorcht. Sobald du den Geist anspannst, ist er stark. Wenn ihn die Leidenschaft (lubido) besitzt, herrscht sie, und der Geist hat keine Kraft [2]). Ich habe eine große Zahl von Beispielen zur Hand, worin sich Könige und Völker aus Zorn oder Mitleid schlecht beraten haben. Aber ich will lieber berichten, was unsere Vorfahren gegen ihres Herzens Begierde (contra lubidinem animi sui) richtig und wie sichs gebührte getan haben. In dem mazedonischen Krieg, den wir gegen König Perses führten, war der große und herrliche Staat der Rhodier, der durch die Macht des römischen Volkes groß geworden war, uns untreu und feindlich. Aber als nach Beendigung des Krieges über Rhodos beraten wurde, da entließen unsere Vorfahren die Rhodier straflos, damit keiner sagen könne, der Krieg gegen sie sei mehr unserer Bereicherung als ihres Unrechtes wegen geführt worden. Ebenso haben sie in allen punischen Kriegen, als die Karthager oft trotz Frieden und Waffenstillstand viele verbrecherische Taten verübten, selbst niemals, auch wenn sie Gelegenheit dazu hatten, solches getan [3]). Sie fragten mehr, was ihrer

[1]) Für die Bedeutung von lubido bei Sallust neben den vorher genannten Beispielen bemerkenswert.

[2]) Was Caesar hier ausspricht, berührt sich mit dem Lob, das Cicero dem Caesar in der Marcellusrede spendet (§ 8): *animum vincere, iracundiam cohibere,* victoriam temperare . . . haec qui facit, non ego eum cum summis viris comparo, sed simillimum deo iudico. In der Herrschaft des klaren Verstandes ist wohl ein Wesenszug Caesars und darüber hinaus ein Wesenszug des Römertums überhaupt getroffen. Sallusts Caesarrede trifft sich in diesem Gedanken mit der Catorede, die den animus in consulendo liber neque delicto neque lubidini obnoxius als eine Ursache der Größe Roms bezeichnet. Die griechische (stoische) Philosophie, von der dieser Gedanke mitgeprägt ist, dient wie so oft dazu, etwas auszusprechen, was im römischen Wesen begründet liegt.

[3]) Über die maßvolle Politik des Scipio Africanus gegen die Karthager und ihre Hintergründe vgl. vor allem Gelzer, Nasicas Widerspruch gegen die Zerstörung Karthagos, Philol. 86, 1931, 277 ff. Schon Cato in der Rhodierrede (Gelzer 277 ff.) und L. Furius Purpurio vor den Aetolern 199 v. C. (Liv. 31, 31, 16; Gelzer 283) hatten auf den maßvollen Frieden von 201 verwiesen. Am nächsten aber steht dem Sallust Polybios 18, 37, 2. 3, so daß man fast versucht ist, an einen Zusammenhang zu glauben (es redet T. Quinctius Flamininus): οὔτε γὰρ Ῥωμαίους οὐδενὶ τὸ πρῶτον πολεμήσαντας εὐθέως ἀναστάτους ποιεῖν τούτους. πίστιν δ' ἔχειν τὸ λεγόμενον ἐκ τῶν κατ' Ἀννίβαν καὶ Καρχηδονίους, ὑφ' ὧν τὰ δεινότατα παθόντας Ῥωμαίους, καὶ μετὰ ταῦτα γενομένους κυρίους ὃ βουληθεῖεν πρᾶξαι κατ' αὐτῶν ἁπλῶς, οὐδὲν ἀνήκεστον βουλεύσασθαι περὶ Καρχηδονίων.

würdig sei, als was von Rechts wegen gegen jene unternommen werden könne. Genau so müßt ihr dafür sorgen, daß das Verbrechen des Publius Lentulus und der anderen bei euch nicht mehr gelte als eure *Würde*, und daß ihr nicht mehr eurem Zorn als eurem Rufe zuliebe handelt«. Die Anknüpfung an die faktische römische Politik ist in der Berufung auf das Verhalten Roms gegen Rhodos und Karthago völlig deutlich. Sie reicht aber, glaube ich, noch weiter, als es ausdrücklich gesagt ist. Die Begründung für das Verhalten gegen Rhodos hat der alte Cato in der Rhodierrede gegeben. Er hatte dort (in dem ersten erhaltenen Fragment) geraten, die Entscheidung auf einige Tage zu verschieben, dum ex tanto gaudio in potestatem nostram redeamus (Jordan p. 23, 2), und als verhängnisvolle Folgen glückhaften Erfolges superbia und ferocia bezeichnet. Ebenso sieht Caesar in der leidenschaftslosen Prüfung eine notwendige Voraussetzung für eine richtige politische Entscheidung. D. h. es besteht zwischen beiden Reden eine innere Verbindung und höchstwahrscheinlich, wie es die ausdrückliche Berufung auf die Rhodierpolitik und die im Altertum bezeugte und von der Forschung mehrfach nachgewiesene imitatio Catonis des Sallust nahelegt, auch eine gewisse äußere Anlehnung.

Die Caesarrede spricht also ein Prinzip der römischen Politik aus, das zugleich dem Wesen Caesars, seiner mansuetudo und misericordia entspringt, wie es Sallust in der Synkrisis darstellt. Diese gemäßigte Haltung also, die Sallust in Caesars Charakteristik hervorhebt (C 54, 2 f.), und die Caesar auch bei anderen und noch bedeutenderen Gelegenheiten (vor allem gegen die Pompeianer) zeigte, entspricht durchaus dem römischen Ideal, und in der Charakteristik Caesars innerhalb der Synkrisis kann in dieser Hinsicht kein versteckter Tadel liegen. Wenn Caesar auch in seiner Politik die republikanische modestia vermissen ließ, die Cato wahrte (vgl. u. S. 71), so hat er doch die politische moderatio, anders als die Gracchen und die Nobilität des Jugurtha-Exkurses (J 42, 2. 4), nicht verleugnet und in seiner Großmut echt römische Haltung gezeigt. Insofern ist also das Lob der Synkrisis ein echtes Lob. Der strenge »Stoizismus« Catos verkörpert nur die *eine* Seite der römischen Moral. Neben virtus[1]), duritia, severitas treten moderatio, fa-

[1]) Die Strenge Catos wird als virtus bewertet. C 53, 1: (Catonis) *virtutem* animi ad caelum ferunt. Dies heißt nach dem Obengesagten nicht: seine »sittliche Gesinnung«, sondern: seine »mannhafte, energische Haltung«.

cilitas[1]) und die anderen Prinzipien, die das imperium iustum tragen: clementia, fides, gratia. In der Antilogie der beiden Reden und in der Antithese Caesars und Catos hat Sallust die beiden Seiten der römischen Moral gestaltet. In dem Begriff der magnitudo animi, der die catonische ebenso wie die caesarische Haltung umfaßt und ebensosehr virtus und constantia wie clementia und mansuetudo bedeuten kann, sind beide Seiten zusammengefaßt, Sallust schreibt sie beiden zu: magnitudo animi par (C 54, 1).

Knoche hat in seiner vortrefflichen Behandlung der magnitudo animi, Philol. Suppl. 27, 3, 1935, die caesarische und die catonische Prägung der magnitudo animi deutlich herausgearbeitet: »die eine sucht sich durch clementia zu verwirklichen, die andere durch tapfere patientia« (S. 87). Weiterhin hat er die magnitudo animi Catos als altrömisch-stoisch, die Caesars, wie es Sallust darstelle, als peripatetisch zu bestimmen gesucht. Erst im 7. Jahrzehnt v. C. sei das peripatetische Ideal des μεγαλόψυχος, das sich der junge Caesar zu eigen gemacht habe, in Rom wirksam geworden. Mag dies nun hinsichtlich der Prägung des Begriffes magnitudo animi auch nicht mit voller Sicherheit zu erweisen sein, die Verwandtschaft der caesarischen magnitudo animi, wie sie Sallust darstellt, mit der aristotelischen μεγαλοψυχία ist jedenfalls zutreffend dargestellt worden, und die »Einwirkung des peripatetischen μεγαλόψυχος-Bildes« auf die römische magnitudo animi liegt nunmehr klar vor Augen. Und doch glaube ich, daß Knoche in einem Punkt unrecht hat. Mag der Begriff der magnitudo animi auf die Milde und Großzügigkeit erst so spät angewandt worden sein, wie Knoche glaubt: Milde, Großzügigkeit und Maß sind schon früher Römer-

---

1) Die facilitas, die Sallust an Caesar hervorhebt, ist eine Tugend des römischen Magistrats und des römischen Feldherrn. Von Pompeius sagt Cicero: ita faciles aditus ad eum privatorum, ita liberae querimoniae de aliorum iniuriis esse dicuntur, ut is, qui *dignitate principibus excellit, facilitate* infimis par esse videatur (Manil. 41). Von seiner eigenen Provinzialverwaltung: nos ... vicimus omnes ... cum abstinentia, tum iustitia *facilitate* clementia (ad Att. 5, 21, 5). Die facilitas hängt mit der republikanischen modestia und aequitas zusammen, die ein Grundzug römischer Staatsverfassung und römischen Führertums ist. Nicht die Ausübung unumschränkter Gewalt, sondern unermüdliche Fürsorge für die grundsätzlich auf gleicher Stufe stehenden Mitbürger ist das wichtigste Kennzeichen des römischen princeps. Die Verbindung mit der republikanisch-demokratischen Haltung wird von Cicero bezeugt: *in liberis vero populis et in iuris aequabilitate* exercenda etiam est facilitas et altitudo animi quae dicitur ... (De off. I 88). Facilitas auch im Brief an Quintus (o. S. 62, 2).

tugenden gewesen, und ich glaube, daß vielmehr HARDER (Herm. 69, 64ff.) gegen Knoche 75ff. recht hat. Wohl ist nicht zu verkennen, daß bei Livius und erst recht bei Diodor und Plutarch die römische Großmut, πρᾳότης und ἐπιείκεια, in einer manchmal kaum noch ernst zu nehmenden Weise verherrlicht wird. Aber daß schon im 2. Jahrhundert »das Maßhalten im Sieg aus Edelmut als ein Charakteristicum römischer Außenpolitik hingestellt wurde«, hat Knoche selbst durch Beispiele aus Polybios (S. 76, A. 334) belegt. Wie tief moderatio und aequitas im Wesen des römischen Staates verwurzelt sind, wie sehr die altrömischen Begriffe fides, gratia und beneficia (wenigstens ursprünglich) Edelmut und die Verpflichtung, die in jeder Machtstellung liegt, voraussetzten, wird im folgenden gezeigt werden. Die Scheidung zwischen einer clementia aus Edelmut und einer solchen aus realpolitischen Gründen, die Knoche vollzieht (nur die zweite möchte er dem alten Römertum zuerkennen, erst nach Caesars Zeit sei eine Ideologie wirklich verständlich, 'die im großmütigen Verzeihen nach dem Siege — das nicht Maske oder Mittel für realpolitische Ziele ist — eine Eigentümlichkeit der röm. Außenpolitik erblickt', a. O. 76), ist in Rom, wo Moral und Politik aufs engste miteinander verbunden sind, nicht durchzuführen. Sie geht m. E. an dem Wesen der römischen Politik und aller großen Politik vorbei, die immer zugleich von realpolitischen Erwägungen geleitet und von idealen Motiven getragen ist[1]). Auch wird schwer zu erweisen sein, daß die Römer vor Caesar clementia nur aus realpolitischen Gründen, Caesar sie als erster aus der Güte seines Herzens geübt habe. Friedrich SCHLEGEL z. B. schrieb in seinem Aufsatz über Caesar und Alexander, Gesamtausg. Wien 1846, 4. Bd., S. 208: »Seine hoch gepriesene Milde im Bürgerkriege und während seiner Herrschaft war ein tief durchdachter Entwurf, und die Kraft, mit der er ihn durchsetzte, die Standhaftigkeit, mit der er ihm treu blieb, können in der Tat nicht genug bewundert werden. Nur muß man dies seinem gütigen Herzen nicht anrechnen; und an ein Gefühl von Achtung für Pflicht und Recht ist vollends bei ihm gar nicht zu denken. Ich gestehe es, ich habe keinen rechten Glauben an die natürliche Milde eines rachsüchtigen Eroberers, von dem es so ausdrücklich gerühmt wird, daß er die berühmtesten Blutvergießer weit über-

[1]) Vgl. u. S. 95 f. und die Ausführungen am Schluß S. 103ff.

troffen habe, dem es auch nicht einmal einen Entschluß kostete, selbst die entsetzlichste, wenn nur zweckmäßige Grausamkeit zu vollbringen« (Schlegel denkt hier wohl an die Bestrafung der Seeräuber und die Behandlung der Usipeter und Tenkterer). DAHLMANN, Clementia Caesaris, N. Jb. 1934, hatte sich, obwohl er derselben Meinung zuneigt wie Knoche, vorsichtiger ausgedrückt über eine Frage, die so tief in das Wesen der Persönlichkeit Caesars hineinreicht, daß wir sie mit den uns zu Gebote stehenden Mitteln nicht lösen können. —

Caesars magnitudo animi ist also eine echte römische Tugend gewesen. Nur wird man vielleicht sagen dürfen, daß Sallust Caesars Milde im Falle der Catilinarier nicht als angebracht empfand [1]).

---

[1]) SKARD, Sallust als Politiker, S. 87, weist einleuchtend darauf hin, daß die ausführliche Definition des senatus consultum ultimum (C 29, 3) in der Absicht begründet liegt, die Gesetzlichkeit der Hinrichtung der Catilinarier zu erweisen. Aus C 55, 6 dagegen: Lentulus dignum moribus factisque suis exitum vitae invenit, wäre streng genommen nur zu schließen, daß er die Sühne als solche dem Verbrechen angemessen fand, was auch Caesar nicht bestreitet (ja er hält sie sogar eher für zu gering, C 51, 15: ego sic existumo, patres conscripti, omnis cruciatus minores quam facinora illorum esse), nicht aber, daß er sie auch politisch für opportun hielt. — Auch VRETSKA, Hermes 1937, 215 und VOGT, Cicero und Sallust über die catilinarische Verschwörung, Auf dem Wege zum nationalpolitischen Gymnasium, Heft 3, Frankfurt 1938, 65f., sind der Ansicht, daß Sallust in dieser Frage auf Seiten Catos steht. — Auch DREXLER a. O. 395 sucht nachzuweisen, daß Sallust die mansuetudo Caesars gegen Catilina nicht billige. Das heißt aber nicht (was Drexler nicht scharf genug unterschieden hat), daß Caesars mansuetudo und misericordia, seine facilitas, sein ignoscere, und daß er miseris perfugium bot, von Sallust nicht als echt römische Tugenden gewertet würden. Der umgekehrten Ansicht ist SEEL, Sallust 40, 1: 'Sallust läßt seine Überzeugung sehr zurücktreten, aber man erkennt doch, daß er Caesars Rat für richtig hält.' Gegen seine Überinterpretation der Synkrisis hat sich schon KROLL, Gnomon 1932, 321 mit Recht gewandt. Auch SCHUR, Sallust, 198, der sich an Seel anschließt, übertreibt, wenn er die Synkrisis auf die Antithese »Caesar der amoralische Politiker« und »Cato der apolitische Moralist« zuspitzt (vgl. o. S. 11, 1). Während DREXLER in der munificentia Caesars ein echtes Lob sah, erblicken SEEL und SCHUR darin einen Hinweis auf die Praxis der Korruption, die Caesar übte. Den Stellen, wo Sallust die largitio verurteilt, auf die sie verweisen, ist entgegenzuhalten, daß Sallust im Idealbild des alten Rom hervorhebt: pecuniae liberales erant (C 7, 6). Obwohl die Möglichkeit durchaus besteht, daß Sallust so manche »Schenkung« Caesars verurteilt hat, hat er doch, im ganzen genommen, seine Großzügigkeit als echte Römertugend bewundert (vgl. auch u. S. 96, 2). Nur davon ist in der Synkrisis die Rede. Es geht nicht an, das klare Lob in sein Gegenteil zu verkehren.

Zugleich zeigt die Caesarrede, weshalb moderatio eine römische Forderung ist. Sie muß für den Römer einmal deshalb maßgebend sein, weil sie der Vorstellung von römischer Würde (dignitas, gravitas)[1]) entspricht (C 51, 6: magis quid se *dignum* foret, quam quid in illos iure fieri posse quaerebant etc.)[2]). Sie ist also tief im Wesen des römischen Lebensideals verwurzelt, das hier wie so oft mit griechischen Vorstellungen[3]) im Einklang steht. Zweitens,

[1]) Die gravitas verlangt moderatio, z. B. in Ciceros Trostbrief an Titius (ad fam. V 16, 5): non est iam *gravitatis* et sapientiae tuae, quam tu a puero praestitisti, ferre *immoderatius* casum incommodorum tuorum ... etenim eum semper te et privatis in rebus et publicis praestitisti, tuenda tibi ut sit gravitas et constantiae serviendum (vgl. auch ad Q. fr. 1, 1, 20f.). Gravitas im Sinne der römischen Würde kommt übrigens bei Sallust überhaupt nicht vor, constantia nur ein einziges Mal (von Cato gesagt, bei dem dieser Begriff, fast möchte man sagen, unumgänglich war). Beide Begriffe fehlen nach dem Thesaurus in der älteren Latinität. Gravitas erscheint zum erstenmal bei Accius und Lucilius, constantia beim Auctor ad Herennium. Daß sie im älteren Latein nicht geläufig waren, wird durch das vollständige Fehlen bei Virgil (also nicht bei Ennius) und Varro (gravitas nie; constantia nur einmal von der Deklination, nie moralisch) bestätigt. Varro ist von der Strömung, deren Hauptträger Cicero ist, ebenso unberührt wie Sallust. Das Fehlen von gravitas ist wohl ein weiterer Beweis dafür, daß Sallusts Stil sich um die Annäherung an die altrömische Sprache bemüht (vgl. die Bemerkungen über ratio, virtus, fides, iustitia S. 49. 21. 99 f. 81 f.).

[2]) Ebenso rät Memmius, gegen die Nobilität gerichtlich und nicht mit Waffengewalt vorzugehen, weil das *unwürdig* sei: vindicandum in eos, qui hosti prodidere rem publicam non manu neque vi, quod magis vos fecisse quam illis accidisse *indignum* est, verum quaestionibus et indicio ipsius Iugurthae (J 31, 18). Cotta sagt von der unbedachten Empörung des Volkes gegen seine Politik: quae indigna vobis nobisque et re publica incipitis? (or. Cottae 8).

[3]) Der Appell an die »Würde« ist ein der griechischen, insbesondere der stoischen (und zwar der mittelstoischen) Philosophie geläufiger Zug. Cic. De fin. II 76: At vero illa, quae Peripatetici, quae *Stoici* dicunt, semper tibi in ore sunt ... officium, aequitatem, *dignitatem*, fidem, recta, honesta, *digna* imperio, *digna* populo Romano, omnia pericula pro patria, haec cum loqueris etc. Vgl. Panaitios bei Cic. De off. I 67: et ea quae videntur acerba, quae multa et varia in hominum vita fortunaque versantur, ita ferre, ut nihil a statu naturae discedas, nihil a *dignitate* sapientis, robusti animi est magnaeque constantiae. Sie ist zugleich ein spezifisch *römischer* Wert, Cic. De or. I 196: quo amore tandem inflammati esse debemus in eiusmodi patriam quae una in omnibus terris domus est virtutis, imperii, *dignitatis*. Dignitas in diesem Sinn ist die Haltung, zu der eine bestimmte Machtstellung verpflichtet. So ist von der dignitas des römischen Politikers die Rede, aber auch von der dignitas des römischen Volkes. Dignitas ist einer jener spezifisch römischen Begriffe, der ein Verhalten umschreibt, in dem zugleich eine Machtposition (die auf der An-

weil nach römischer Auffassung eine politische Entscheidung, die von Leidenschaft getrübt ist, falsch sein muß. Drittens aber ist Mäßigung geboten — und dies spricht die Caesarrede nicht aus —, weil tatsächlich das Wesen des altrömischen Staates mit ihr unlösbar verknüpft ist. In ihr ist das Gleichgewicht der Kräfte, auf dem die römische Staatsverfassung beruht, verankert [1]). Gegen die modestia und die aequitas als republikanische Grundtugenden haben alle römischen Politiker verstoßen, die in der Reihe stehen, die mit Scipio Africanus [2]) beginnt und mit Julius Caesar endet.

---

erkennung durch die Gemeinschaft beruht) und eine sittliche Verpflichtung, enthalten ist. Andere Begriffe dieser Art sind fides, gratia, honestum, decus, auctoritas, maiestas. In diesen Begriffen liegt der stärkste Beweis für die Einheit von Politik und Moral im römischen Denken, von der später noch die Rede sein wird. Dignitas der ira gegenübergestellt wie in Sallusts Caesarrede auch J 33, 3: Memmius dignitati quam irae magis consulens sedare motus et animos eorum mollire. Vgl. auch Seneca De ira II 6, 2: irasci non est ex dignitate eius (sc. virtutis) non magis quam maerere. Über dignitas vgl. auch Wegehaupt, Die Bedeutung und Anwendung von dignitas in den Schriften der republik. Zeit, Diss. Breslau 1932, dort über dignitas bei Sallust S. 69ff. Diese Arbeit bedarf der Ausdehnung auf die gesamte lateinische Literatur und dann vor allem einer Vertiefung einmal in Richtung der Wesenserkenntnis des Römertums und dann hinsichtlich der Klärung der Beziehungen zu den griechischen Begriffen der Würde (ἀξιότης, ἀξίωμα, σεμνότης usw.), zu deren Wiedergabe das römische Wort dignitas eingesetzt wird. Über dignitas bei Tacitus Drexler, Tacitus, 1939, 50, 1.

[1]) Über das Gleichgewicht der römischen »Mischverfassung« Polybios VI und Cicero De rep. I (genannt wird der mit aequitas verwandte Begriff aequabilitas, z. B. I 69).

[2]) Die moderatio und aequitas hat Scipio Africanus freilich dann doch gezeigt, indem er Rom verließ. Dies wenigstens ist die Deutung Senecas ep. 86, 1. Die Stelle ist zugleich ein Beleg für den engen Zusammenhang von moderatio und republikanischem Römertum und für die hohe Einschätzung der politischen moderatio bei Seneca: animum quidem eius in caelum, ex quo erat, redisse persuadeo mihi non quia magnos exercitus duxit . . . sed ob egregiam *moderationem* pietatemque quam magis in illo admirabilem iudico, cum reliquit patriam quam cum defendit: aut Scipio Romae esse debebat aut Roma in libertate. 'Nihil' inquit 'volo derogare legibus, nihil institutis. aequum inter omnes cives ius sit. utere sine me beneficio meo, patria. causa tibi libertatis fui, ero et argumentum: exeo, si plus quam tibi expedit, crevi'. Ähnlich schon Polybios über Scipio Africanus 10, 40, 9: 'Publius übertraf so sehr an Seelengröße die übrigen Menschen, daß er das höchste Gut, das man von den Göttern erflehen könnte, das Königtum, oftmals zurückwies, als es ihm vom Schicksal dargeboten wurde, und daß er das Vaterland und die Treue zu ihm höher schätzte als die erhabene und seliggepriesene Königsherrschaft'.

Die Überheblichkeit und Habgier der Nobilität, die Machtgier der Volksführer und großen Feldherren hat wirklich die alte res publica zerstört, genau so, wie es Sallust schildert. Fast alle Personen, die bei ihm auftreten, fehlen gegen diese Forderung. Der einzige Römer, der dieses republikanische Ideal noch ganz verwirklicht, ist Cato (C 54, 5: at Catoni studium modestiae ... erat ... cum modesto pudore certabat). Wohl wird an Metellus das richtige Maß und die richtige Mitte zwischen grausamer Strenge und Liebedienerei in seinem Verhalten zu den Soldaten gepriesen (J 45, 1; s. o. S. 39), aber mit seiner superbia im Verhalten gegen Marius (und auch seiner unwürdigen Haltung und seinem unbeherrschten Zorn anläßlich dessen Einsetzung in den Oberbefehl) kann er vor der Forderung dieses römischen Ideals offensichtlich nicht bestehen. An Marius wird sein maßvoller Sinn im Frieden gelobt (J 63, 2), was sich mehr auf sein anspruchsloses Leben als auf seine Politik bezieht, die ja, wie Sallust an der gleichen Stelle hervorhebt und im folgenden noch ausführlicher auseinandersetzt, durch Ehrgeiz und Haß vergiftet ist und so das rechte Maß vermissen läßt [1]). Caesar suchte in persönlichem Ehrgeiz einen »neuen« Krieg, ubi virtus enitescere posset [2]). Nur Cato ist erfüllt von dem

[1]) J 84, 1: At Marius ... antea iam infestus nobilitati tum vero multus atque *ferox* instare; singulos modo, modo universos laedere; dictitare sese consulatum ex victis illis spolia cepisse, alia praeterea magnifica pro se et illis dolentia. Dies zeigt so recht die Maßlosigkeit des Mannes. Der Ausdruck *ferox*, der zu dem Kreis der Begriffe lubido, lascivia, superbia gehört und immer in absprechendem Sinn gebraucht wird (ferocia schon in Catos Rhodierrede, vgl. o. S. 65), kennzeichnet die Parteiführer, die Rom zugrunde gerichtet haben, auch C 38, 1: (nach dem Konsulat des Pompeius und des Crassus) homines adulescentes summam potestatem nacti, quibus aetas animusque *ferox* erat, coepere senatum criminando plebem exagitare (vgl. J 84, 5: Marius hatte die Volksversammlung einberufen nobilitatem uti consueverat exagitandi causa). An der oben zitierten Stelle J 98, 6 wird es von den Barbarenhäuptlingen gebraucht. Über die Maßlosigkeit des Marius vor allem auch J 64, 5, o. S. 8, 2.

[2]) Dies ist die einzige Stelle der Synkrisis (vgl. o. S. 65), wo man vielleicht wirklich eine leise Kritik Sallusts an Caesar heraushören darf. Der Hauptvorwurf, den er den parvi potentes macht (C 38, 1 ff.), zu denen er wohl auch Caesar rechnet (vgl. auch S. 47), ist, daß sie durch persönliche Machtpolitik die republikanische Verfassung Roms zerstört haben. Was diese Verfassung dem Sallust bedeutet, kann die Verwendung von res publica als politischer Kampfbegriff in den Reden des Memmius gegen die factio der Optimaten und des Lepidus gegen Sulla lehren, S. 75 f.. Die gleiche leise Kritik an Caesars gallischer Eroberung findet sich schon im älteren Brief an Caesar. Auch dort wird sie mehr

studium modestiae: at Catoni *studium modestiae*, decoris sed maxume severitatis erat; non divitiis cum divite neque factione cum factioso, sed cum strenuo virtute, cum modesto pudore, cum innocente abstinentia certabat: esse quam videri bonus malebat. Alle andern sind dem Ehrgeiz und dem Parteiwesen verfallen und untergraben damit notwendig die res publica. Die Bildung von Parteien in dem Sinne, wie sie seit den Gracchen aufgekommen ist, verstößt gegen die moderatio ebensosehr wie gegen das Wesen der res publica, das an die moderatio gebunden ist. Denn aus dem Exkurs über den mos partium ac factionum ergibt sich als die Auffassung Sallusts nicht nur, daß die maßlose Parteileidenschaft eine der Hauptursachen des politischen Verfalls ist, sondern: die Bildung von Parteien und Cliquen steht von vornherein im Gegensatz zu den Interessen des Staates, *Parteien und res publica schließen sich* in ihrer letzten Konsequenz *gegenseitig aus*. Die Parteipolitik hat im römischen Staat überhaupt keinen Platz, und zwar haben die pauci potentes und die factio der Optimaten ebensowenig Berechtigung wie die Umtriebe der Plebs und ihrer Führer, die genau so wie die factio der Optimaten und die ehrgeizigen Emporkömmlinge nicht von der Sorge für die res publica, sondern von der Parteileidenschaft, von dem Haß gegen die Nobilität getrieben sind (J 40, 3). Diese Erkenntnis ist für die Auffassung der Stellung Sallusts zu den Parteien entscheidend, die wir nun kurz betrachten wollen. Zuerst die Stellung zur Plebs. Der Exkurs über den mos partium als Ausdruck tiefsten politischen Verfalls knüpft bezeichnenderweise sowohl im Catilina wie im Jugurtha an das Vorgehen der *Plebs*, nicht etwa das der Optimaten an, vgl. DREXLER, Sallust, N. Jb. 1928, 392. Noch deutlicher als der Jugurtha-Exkurs, der selbst den Gracchen vorwirft, daß sie nicht maßvoll genug waren (J 42, 2), zeigt der entsprechende Abschnitt im Catilina (C 36—39) die tiefe Abneigung Sallusts gerade gegen die Plebs und gegen die populare Politik gewisser Volkstribunen, wobei Sallust der Haltung Ciceros in nichts nachsteht[1]). So verurteilt er die largitiones

als Tat persönlichen Ehrgeizes begriffen, ohne daß ihre politische Bedeutung für Rom auch nur geahnt wäre: *libertatem gloria cariorem habeo* atque ego te oro hortorque ne clarissumus imperator Gallica gente subacta populi Romani summum atque invictum imperium tabescere vetustate ac per summam socordiam dilabi patiaris.

[1]) Man vgl. etwa damit Cicero De rep. I 68: ex hoc enim populo indomito (vgl. die lubido des Volkes bei Sallust) vel potius immani deligitur aliqui

publicae, die die Führer des Volkes betreiben (C 37, 7): »Die Jugend, die auf dem Lande durch ihrer Hände Lohn der Not standgehalten hatte, hatte, durch private und staatliche Schenkungen verlockt, begonnen, den Müßiggang in der Stadt der undankbaren Arbeit vorzuziehen. Sie und alle anderen lebten von dem, was für den Staat Verderben war (malum publicum)«. Auch die Wiederherstellung des Tribunats und die Aufputschung der Plebs, die die Folge davon war, wird als malum bezeichnet: »Alle, die zur Gegenpartei des Senats gehörten, wollten lieber, daß die res publica in Wirren gestürzt würde, als daß sie selbst weniger gegolten hätten. Denn seitdem unter dem Konsulat des Cn. Pompeius und des M. Crassus das Tribunat wiederhergestellt worden war, fingen junge Leute, die zur höchsten Macht gekommen waren, und die dem Alter wie der Gesinnung nach ungezügelt waren [1]), an, den Senat zu beschuldigen und dadurch das Volk aufzuhetzen und dann durch Schenkungen und Versprechungen noch mehr zu entflammen, um selbst berühmt und mächtig zu werden.« Auch dies könnte Cicero gesagt haben [2]). Ja, in der Plebs hat Sallust ein ständiges revolutionäres Ferment gesehen, und er hat davon mehrmals gesprochen, am ausführlichsten C 37, 1: »Nicht nur jenen war der Sinn verwirrt [3]), die Mitwisser der Verschwörung waren, sondern die ganze Plebs billigte aus ihrer revolutionären

---

plerumque dux contra illos principes adflictos iam et depulsos loco (diese Bemerkung ist aus der Entartung der Mischverfassung zu erklären, in der jedes der drei verfassungsbildenden Elemente seinen bestimmten Platz hat) audax, impurus, consectans proterve bene saepe de re publica meritos (vgl. bei Sallust: Memmius gegen die factio, Marius und die Plebs gegen Metellus, vielleicht auch das Volk gegen Cotta in den Historien) populo gratificans et aliena et sua (vgl. Sallust über die largitiones C 38, 1, auch C 37, 7); cui quia privato sunt oppositi timores, dantur imperia et ea continuantur etc.

[1]) Damit zu vergleichen Ciceros dux audax impurus proterve consectans etc. Die römische Verachtung der Leidenschaft in der Politik drückt sich bei Sallust auch in der Geringschätzung der Jugend aus (vgl. auch C 14, 5: sed maxume adulescentium familiaritates adpetebat, sc. Catilina; eorum *animi molles aetate et fluxi* dolis haud difficulter capiebantur).

[2]) Vgl. die Auseinandersetzung über das Tribunat De leg. III 19 ff., wo Quintus das Tribunat heftig angreift und Cicero die ideale Bedeutung dieser Institution darstellt, ohne den Mißbrauch zu beschönigen.

[3]) Aliena mens, so richtig Skard, Symb. Osl. X 92. Falsch der Kommentar von Jacobs-Wirz, der als Bedeutung von aliena »feindselig« annimmt. Die zügellose Leidenschaft der Plebs wird wie die πάθη der stoischen Philosophie geradezu als Krankheit des Geistes bezeichnet.

Einstellung heraus Catilinas Unternehmen. *Dies tat sie offensichtlich ganz ihrer Art entsprechend.* Denn immer sind im Staat diejenigen, die kein Vermögen haben, den Guten neidisch und bringen die Schlechten zur Macht; sie hassen das Alte und ersehnen das Neue und wünschen, weil sie ihren eigenen Zustand verabscheuen, einen allgemeinen Umsturz. Von Wirrnis und Aufstand werden sie unterhalten, ohne daß sie dabei etwas befürchten müssen, weil Armut sich leicht von Schaden fernhält [1]). Die Plebs von Rom vollends war ganz auf abschüssiger Bahn usw.« Mit diesem Urteil, das Sallust hier in eigenem Namen vorträgt, berührt sich eine Stelle aus der Rede des Konsuls Philippus (or. Phil. 7): »Zu ihm (zu Lepidus) strömten die verderbtesten Menschen aus allen Ständen, brennend von Not und Gier, von dem Bewußtsein ihrer Verbrechen umgetrieben, Leute, die im Bürgerkrieg Ruhe finden, im Frieden Unruhe. Aufstand auf Aufstand säen sie, Krieg auf Krieg, einst des Saturninus, dann des Sulpicius, hernach des Marius und des Damasippus und jetzt des Lepidus Gesellen«. Die Verwandtschaft dieses Passus mit dem Abschnitt über die Verderbnis der Plebs im Catilina [2]) und mit der Darstellung der Catilinarischen Verschwörer [3]) darf als Beweis dafür gelten, daß Sallust in der Rede des Philippus sein eigenes Urteil über Lepidus ausgesprochen hat [4]). Lepidus ist demnach wie die anderen Führer der Volkspartei, wie Catilina und in geringerem Maße Memmius und Marius, als ein von Leidenschaft zerrissener Mensch [5]) das Gegenbild des römischen Politikers, dessen höchste Tugend im politischen Kampf Maß und Selbstbeherrschung ist.

[1]) Anders Jacobs-Wirz, der erklärt: egestas aequo animo perfertur, quippe expers damni, was mir unhaltbar scheint. Habetur ist nicht gleich aequo animo perfertur. Es heißt ganz wörtlich: »Weil Armut leicht ohne Schaden *gehabt* (oder *gehalten*) werden kann«. Vgl. J 44, 1: exercitus sine imperio et modestia *habitus*.

[2]) Verurteilung der largitiones: or. Phil. 6; C 37, 7. 38, 1.

[3]) C 14, 2 f.: quicumque inpudicus adulter ganeo manu ventre pene bona patria laceraverat, quique alienum aes grande conflaverat, quo flagitium aut facinus redimeret . . . omnes quos flagitium egestas conscius animus exagitabat.

[4]) Dafür spricht auch die Verwandtschaft mit der Catorede im Catilina. Hier wie dort wird nicht nur an der Gegenpartei, sondern auch an der Nobilität selbst bittere Kritik geübt. Das ist ganz die Einstellung des Sallust, der die Verderbnis auf *beiden* Seiten findet. — Auch das Urteil des Philippus über das Tribunat (or. Phil. 14) entspricht dem eigenen Urteil des Sallust (C 38, 1).

[5]) Man lese die packende Stelle aus der Rede des Philippus 11, die den Lepidus schildert: agitur enim et laceratur etc.

Aber der Beginn des Unheils und die erste Schuld liegt allerdings bei der factio der Optimaten: »Die Nobilität war durch ihre factio mächtiger. Die ungeeinte und in der Menge zerstreute Kraft der Plebs war weniger stark. Nach dem Gutdünken von wenigen (paucorum arbitrio) wurde in Krieg und Frieden Politik getrieben. Immer dieselben hatten den Staatsschatz, die Provinzen und Ämter, den Ruhm und die Triumphe in Besitz. Das Volk wurde durch Kriegsdienst und Not bedrängt. Die Feldherren teilten die Kriegsbeute mit wenigen: unterdessen wurden die Eltern oder die unmündigen Kinder der Soldaten, wie gerade ein jeder einem Mächtigeren benachbart war, von Haus und Hof vertrieben. So drang mit der Macht Habsucht ohne Maß und Zucht (sine modo modestiaque) ein und schändete und verwüstete alles, nichts war ihr heilig, bis sie sich selbst ins Verderben stürzte (J 41, 6—9)«. Die factio der Nobilität hat so die römische res publica zerstört. Auch aus den Reden des Memmius und des Lepidus können wir dies als das Urteil Sallusts herauslesen. Der Begriff *res publica* erscheint dort als das Ideal der republikanischen Staatsverfassung. Er wird gleichsam als Kampfparole der factio der Nobilität und der Tyrannis Sullas entgegengehalten. Res publica ist hier die res populi in einem prägnanten Sinne: die Sache, über die das römische Volk und nicht eine factio oder ein einzelner zu bestimmen hat. Vindicandum in eos, lesen wir in der Memmiusrede (J 31, 18), qui hosti prodidere rem publicam. D. h. die factio hat über die res publica verfügt und hat, wie es an anderer Stelle in der gleichen Rede heißt, leges und maiestas populi Romani (J 31, 9: maiestas *vostra*!) und das imperium populi Romani (J 31, 25: imperium *vostrum*!)[1]) dem Feinde übergeben. Leges, imperium, maiestas populi Romani bilden den Inbegriff der Herrschaft und des Willens des römischen Volkes, den die Magistrate der Fiktion nach auszuführen haben. Sie umschreiben den Begriff der Souveränität des römischen Volkes und bilden so einen integrierenden Bestandteil der res publica. Hosti prodidere rem publicam (J 31, 18) ist gleichsam

[1]) Imperium populi Romani bedeutet hier die Herrschergewalt des römischen *Volkes*: das Volk, nicht der Magistrat ist der eigentliche Träger des Imperiums (vgl. auch or. Lep. 11). MOMMSEN, Staatsr. I[3] 22, 2 sieht darin, daß der Gemeinde imperium und potestas beigelegt wird (als Beispiele führt er an Ulp. Dig. 1, 4, 1 pr. und Liv. 4, 5, 1) nur »politische Spekulation, nicht technische Rede«.

eine kürzere Fassung des Gedankens: leges, maiestas vostra... hostibus tradita sunt (J 31, 9). Res publica ist die ideale römische Staatsorganisation, wie sie Cicero in seiner Schrift De re publica geschildert hatte, in der dem Volk ein durch die Verfassung weise und gerecht festgelegter Anteil zukam [1]). Noch deutlicher ist dieser Begriff in der Kampfrede des Aemilius Lepidus gegen Sulla zu erkennen. Hier wird die Tyrannis Sullas als Gegenbild der res publica gezeichnet: »Welche menschliche Rechtssatzung ist noch gültig, und welche göttliche noch nicht befleckt? Das römische Volk, vor kurzem noch der Völker Lenker, hat imperium, Ruhm und Recht verloren... Der Bundesgenossen und Latiums gewaltige Menge wird von dem Bürgerrecht, das ihnen von euch für viele hervorragende Leistungen verliehen wurde, ferngehalten, und der unschuldigen Plebs väterliche Sitze haben ein paar von seinen Spießgesellen in Besitz genommen als Lohn für ihre Schandtaten: die Gesetze, die Gerichte, der Staatsschatz, die Provinzen und Könige sind in der Hand eines Einzelnen [2]), ja sogar die willkürliche Verfügung über Leben und Tod der Bürger... Seinem Verbrechen und seinem parricidium [3]) gab er die Namen Ein-

---

[1]) Z. B. De rep. I 69. Vgl. im übrigen zu dieser Verwendung des Begriffes res publica STARK, Res publica, Diss. Göttingen 1937, insbesondere den Abschnitt: Die Entwicklung von res publica zu der Bedeutung 'Republik'. Alles, was Stark hauptsächlich an Hand des ciceronischen Materials festgestellt hat, gilt auch für Sallust.

[2]) Die Übereinstimmung mit Sallusts eigenen Worten im Jugurtha-Exkurs (o. S. 75) beweist, daß hier das Urteil Sallusts vorliegt. Auch in der Memmiusrede besteht die gleiche Übereinstimmung: superioribus annis taciti indignabamini aerarium expilari, reges et populos liberos paucis nobilibus vectigal pendere, penes eosdem et summam gloriam et maxumas divitias esse.

[3]) Parricidium, der Verwandtenmord, ist hier übertragen auf das Verbrechen des Staatsfeindes oder des Despoten, der die patria vergewaltigt und vernichtet, der er gleichsam wie seinen Eltern das Dasein verdankt (diese Auffassung der patria ist nicht selten, vgl. z. B. Cicero De rep. I 8: neque enim hac nos patria lege genuit aut educavit, ut nulla quasi alimenta exspectaret a nobis). Cicero gebraucht parricidium patriae... von den Catilinarischen Verschwörern (Sull. 6, Phil. 2, 17) und mit fast bebender Empörung von dem, der die Tyrannis über das römische Volk begehrt: hanc cupiditatem si honestam quis esse dicit, amens est; probat enim legum et libertatis interitum earumque oppressionem taetram et detestabilem gloriosam putat. Qui autem fatetur... esse utile qua hunc obiurgatione aut quo potius convicio a tanto errore coner avellere? Potest enim, di immortales, cuiquam esse utile *foedissimum et taeterrimum parricidium patriae*? (De off. III 83). Parricida patriae m. W. zum ersten

tracht und Frieden. Und nur dies nennt er *res publica* und Ende des Krieges, wenn aufrechterhalten bleibt die Vertreibung des Volkes von den Äckern und die kränkende Beraubung und Ausbeutung der Bürger, wenn Recht und Gericht über alle Dinge ihm allein verbleibt, was einstmals dem römischen Volk zustand. Wenn ihr das unter Frieden und Ordnung versteht, dann heißt ihr die schlimmsten Störungen der res publica und ihren Untergang gut, dann leistet ihr aufgezwungenen Gesetzen Gehorsam, dann akzeptiert ihr Frieden um den Preis der Knechtschaft, dann gebt ihr euren Nachkommen das Beispiel, wie die res publica um den Preis ihres eigenen Blutes zu Fall zu bringen sei«. Die res publica also hat Sulla und seine Partei zerstört. Sie besteht nur, wenn das römische Volk die Politik bestimmt. Wenn aber wie in der Memmiusrede eine factio oder, wie hier, ein Einzelner über sie verfügt, dann ist der res publica das Blut genommen.

Also: Sallust lehnt alle politische Parteibildung ab, mag sie von der Nobilität oder vom Volk kommen. Er ist schon im Catilina und im Jugurtha der Ansicht, die er dann in der Einleitung zu den Historien formuliert, daß alle in gleicher Weise verdorben seien: omnibus pariter corruptis (H I 12 M). Insbesondere hat er das Thema des Jugurthinischen Krieges nicht nur darum gewählt, um die Fehler und Vergehen gewisser Kreise der Nobilität bloßzustellen, sondern ebensosehr, um das zügellose und ungerechte Verhalten des Volkes und seiner Führer zu brandmarken. Wohl heißt es am Anfang des Jugurtha: Bellum scripturus sum, quod populus Romanus cum Iugurtha rege Numidarum gessit, primum quia magnum fuit, dehinc quia tunc primum *superbiae nobilitatis* obviam itum est (5, 1). Die Schuld der Nobilität ist hier klar bezeichnet. Aber erstens sagt er nicht: ich will den Krieg schildern, weil er die Verkommenheit der Nobilität zeigt (wie man immer wieder hat verstehen wollen), sondern, weil man damals ihrer superbia zum erstenmal entgegentrat, d. h. weil damals der Kampf der Parteien begann, der dann zum Zusammenbruch der römischen res publica geführt hat (was historisch ja nicht ganz zutrifft [1])). Zweitens aber

Mal belegt bei Aemilius Scaurus, Contra Q. Caepionem actio secunda (fr. 8, II p. 122 Malcovati): nefarius vulturius, parricida patriae. Die catilinarischen Verschwörer werden bei Sallust als parricidae rei publicae bezeichnet C 51, 25, als parricidae C 52, 31, der Senat nennt den Catilina hostis ac parricida C 31, 8.

[1]) Dies tritt zu den historischen Ungenauigkeiten, die für den Catilina SEEL zusammengestellt und für den Jugurtha GSELL, Histoire de l'Afrique romaine,

muß man den unmittelbar folgenden Satz zur Interpretation mit heranziehen, der mit dem zitierten eine unzertrennliche Einheit bildet: quae contentio divina et humana cuncta permiscuit eoque vaecordiae processit, ut studiis civilibus bellum atque vastitas Italiae finem faceret. Aus ihm wird völlig deutlich: schuld an allem Unglück ist nicht allein die superbia der Nobilität, sondern auch die Art, wie der Kampf (gegen sie) geführt wurde. Und dafür ist nicht nur die Nobilität, sondern auch mindestens in gleichem Maße die Plebs und ihre Führer verantwortlich. Denn von ihr ging ja der Kampf aus. So stehen diese Sätze, wenn man sie richtig versteht, durchaus im Einklang mit der eigentlichen historischen Darstellung im Jugurtha. Alle Parteien sind dem Sallust verhaßt. Nicht nur also will er nicht der Parteischriftsteller sein, als den ihn das vom Parlamentarismus beeinflußte 19. Jahrhundert sah, als den ihn MOMMSEN und Eduard SCHWARTZ zeichneten[1]), sondern die Auffassung, die er vertritt und die auch einmal weitgehend der politischen Wirklichkeit entsprochen hat, ist die, daß eine parteiische Einstellung geradezu das Wesen der römischen res publica negiert und die Bildung von Parteien und ihr unversöhnlicher Kampf die römische res publica im eigentlichen Sinne vernichtet. Es fehlt nicht mehr viel, so wird sich an Rom des sterbenden Micipsa prophetisches Wort erfüllen, daß durch Zwietracht die größten Reiche zerfallen: es droht dem Reiche von außen Gefahr [2]). Denn dies ist der Gedanke, den Sallust im Prooemium des Catilina in die Worte faßt [3]): »Die Herrschaft wird durch die Tugenden aufrechterhalten, durch die sie erworben wurde, wenn aber statt Arbeit Faulheit, statt Selbstbeherrschung und Gleichheit Zügellosigkeit und Überheblichkeit eindringen, dann ändert sich das Schicksal mit den Sitten. *Denn* [4]) *die Herrschaft wird immer vom weniger*

Bd. VII, in seiner Behandlung des Jugurthinischen Kriegs genau registriert hat. Ihm kommt es mehr auf »Wahrheit« im Prinzipiellen als auf Richtigkeit im einzelnen an.

[1]) Wobei sie sich nicht immer klar bewußt waren, daß factio etwas anderes ist als eine parlamentarische Partei des 19. Jhdts.

[2]) Daß diese Worte von Sallust auf Rom gemünzt waren, hat Septimius Severus richtig empfunden: als er im Sterben lag, sandte er seinem Sohn Caracalla Micipsas Rede (Hist. Aug., Sept. Sev. 21, 10).

[3]) In den Kommentaren und der bisherigen Sallustforschung m. W. durchweg verkannt oder übersehen.

[4]) Für die Bedeutung ita = denn vgl. KROLL, Die Sprache Sallusts, Glotta 15, 285.

Guten auf den Besten übertragen (C 2, 4—6)«, d. h. auf Rom angewandt, das Imperium wird auf eine andere Macht übertragen werden, sobald eine solche in höherem Maße als Rom die moralische Berechtigung hierfür aufweisen kann, m. a. W. das römische Imperium wird früher oder später zu Ende gehen.

Hat man so den Gegensatz von Parteien und res publica einmal scharf erkannt, dann ergibt sich hieraus eine wichtige Folgerung für die Grundhaltung nicht nur Sallusts, sondern überhaupt der römischen Geschichtsschreibung: die Unparteilichkeit des römischen Historikers tritt in ein neues Licht. Sallust verkündet sie in den Sätzen, die das Prooemium des Catilina beschließen: statui res gestas populi Romani carptim, ut quaeque memoria digna videbantur, perscribere, eo magis quod mihi a spe metu partibus rei publicae animus liber erat, und am Schlusse des ersten Abschnitts des Historienprooemiums [1]), von dem uns die Worte überliefert sind: neque me divorsa pars in civilibus armis movit a vero (I 6 M). Er tut dies, nicht weil er den Leser täuschen wollte [2]), und auch nicht nur, um dem Begriff wissenschaftlicher Objektivität wenigstens dem Anspruch nach zu genügen, worauf hinzuweisen in der antiken Geschichtsschreibung seit langem üblich war [3]), sondern er tut es einmal deshalb, weil es seiner Grundauffassung vom Wesen der römischen res publica entspricht, die über Senat und Plebs, über den Cliquen und Parteien, über Marius und Sulla, Caesar und Pompeius steht, die sie alle nach Sallusts Ansicht durch ihre selbstsüchtige Politik verraten haben (vgl. o. S. 3f.) Er zieht damit zugleich einen Strich zwischen sich und der parteimäßig gebundenen jüngeren Annalistik [4]) und knüpft an die Geschichtsschreibung der Vorgracchenzeit an, die noch nicht in so tiefe

---

[1]) Klingner, Herm. 63, 1928, 168.

[2]) Dieser Täuschungsversuch war ihm vom Standpunkt der Tendenzhypothese umso eher zuzutrauen, als man ihm nachweisen zu können glaubte, daß er mit abgründigem Raffinement der eigenen Partei gelegentlich Hiebe versetzte, um das Gift seiner parteiischen Tendenz umso sicherer dem harmlosen Leser einzuträufeln. Der Archeget dieser Auffassung ist Mommsen RG III, 195 A.: »Daß der gewandte Schriftsteller den apologetischen und accusatorischen Charakter seiner Bücher zurücktreten läßt, beweist nicht, daß sie keine, sondern daß sie gute Parteischriften sind.«

[3]) Vgl. Vogt über die Unparteilichkeit des Historikers in Studien zu Tacitus, 1936, 4 ff.

[4]) Vgl. J 95, 2: über Sulla will er reden, weil Sisenna »parum libero ore locutus videtur«.

Gegensätze verstrickt war und der res publica diente. Der wahre römische Geschichtsschreiber nimmt so zur Geschichte und zur res publica die gleiche Haltung ein wie der römische Censor, der den Eid ablegte, er wolle nichts nach Gunst und Feindseligkeit tun, sondern aus richtigem Sinn für den gemeinen Nutzen des Ganzen sorgen und handeln (Zonaras 7, 19) [1]. Zweitens aber legt Sallust deshalb Wert darauf, seine durch keine Parteimeinung, keine Leidenschaft (spe, metu) und kein persönliches Interesse getrübte Betrachtungsweise hervorzuheben, weil Leidenschaftslosigkeit, wie aus dem Abschnitt der Catorede über die Ursachen der Größe [2] Roms und aus der Rede Caesars hervorgeht, nach römischer Auffassung die Voraussetzung richtiger politischer Erkenntnis und darum richtiger politischer Entscheidung [3] und moderatio ein Grundprinzip römischer Politik ist.

Die Einstellung des Historikers zu dem politischen Geschehen, das er betrachtet, ist so identisch mit der geforderten Einstellung des Politikers zum Staat und zur Politik, die er gestaltet. Beide sollen frei sein von Leidenschaft und von parteiischem Vorurteil, nicht einer abstrakten Objektivität zuliebe, sondern um der res publica willen. Der rechte römische Historiker fühlt sich, so könnte man mit scheinbarer Paradoxie formulieren, darum niemals als Parteimann, weil er wahrer römischer Politiker sein will. Man darf es dem Sallust, Livius und Tacitus glauben, daß sie die Geschichte unparteiisch und leidenschaftslos betrachten wollen, nicht in dem Sinne, daß sie die Wahrheit der geschichtlichen Erscheinungen von allen Seiten erfassen, aber so, daß es ihnen nicht um eine Partei geht, sondern um das Ideal der res publica, das sie im Herzen tragen.

[1]) Knoche NJb 1938, 105. Titus Castricius bei Gellius I 6, 4: der Censor müsse im Gegensatz zum politischen Redner stets die Wahrheit sagen.

[2]) Der animus in consulendo liber neque delicto neque lubidini obnoxius, den diese Rede als eine Ursache der Größe Roms nennt, klingt deutlich an in dem animus liber a spe metu partibus rei publicae des Catilina-Prooemiums.

[3]) Die Forderung der Wahrheit (soweit es sich wirklich um ἀλήθεια, veritas, nicht nur um πίστις, fides handelt, vgl. dazu Pfister, Woch. f. kl. Philol. 1917, Sp. 834 f.) erwächst der antiken Geschichtsschreibung aus der Erkenntnis, daß *nur die Wahrheit nützlich* und *politisch wertvoll* sei. Sehr klar hat dies Polybios ausgesprochen: 'oft muß man die Feinde mit dem höchsten Lob bedenken, wenn es ihr Tun erfordert, und oft, die einem am nächsten stehen, aufs härteste tadeln, wenn die Fehler ihrer Handlungsweise dies angezeigt erscheinen lassen. Denn wie ein Tier nichts mehr taugt, wenn man ihm die Augen nimmt, so wird, wenn man der Geschichtsschreibung die Wahrheit nimmt, das, was dann übrig bleibt, wertlos' (1, 14, 5).

IMPERIUM IUSTUM (IUSTITIA).

CLEMENTIA. FIDES. GRATIA. BENEFICIA.

Als dritte Ursache der Größe Roms wird in der Catorede (C 52, 21) neben der industria und der Freiheit von Leidenschaft das *imperium iustum* genannt, und in der Einleitung des Catilina heißt es (10, 1), daß die res publica durch Arbeit und *Gerechtigkeit* groß geworden sei. Ich habe als Überschrift des Kapitels nicht iustitia gewählt, was den anderen Begriffen virtus und moderatio genauer entsprechen würde, sondern imperium iustum, weil der Begriff iustitia als solcher bei Sallust nur an dieser Stelle erscheint und auch im Altrömischen, soweit wir sehen, keine große Bedeutung hat (vgl. unten A. 2). Auch entspricht dies insofern mehr dem Inhalt des Kapitels, als hier überhaupt die ideellen Grundlagen der römischen Herrschaft bei Sallust behandelt werden sollen, die sich in dem Begriff der 'Gerechtigkeit' nicht erschöpfen. An der zitierten Stelle allerdings (C 10, 1) faßt der Begriff iustitia das Wesentliche von dem zusammen, was im Kapitel 9 ausgeführt war (ebenso wie labor den Hauptgedanken von Kapitel 7 wieder aufnimmt). Dort ist zunächst von der concordia, der parsimonia und der Treue gegen die amici, die politischen Freunde und Bundesgenossen, die Rede. Alle drei Begriffe gehören zum Kreise der iustitia: *concordia* sine iustitia nullo pacto esse potest, sagt Cicero (De rep. II 69); *parsimonia* ist ein Merkmal des imperium iustum, wie avaritia ein Hauptsymptom der Tyrannis ist, und daß *fides* die Grundlage der Gerechtigkeit sei, sagt Cicero in seiner Schrift De off. I 23 aus römischem Empfinden[1]). Ja, fides ist dem römischen Denken ursprünglicher als iustitia [2]). Es enthält alles Wesentliche, was später (zweifellos unter dem Einfluß der δικαιοσύνη, dem Kernbegriff der griechischen Staatslehre) unter dem Begriff iustitia zusammengefaßt wird. Es ist bezeichnend, daß das Wort iustitia bei Sallust überhaupt nur ein einziges Mal begegnet (C 10, 1), und zwar charakteristischerweise in dem geschichtstheoretischen Abschnitt des Catilina, wo der Einfluß griechischer Philosophie (abgesehen von den Prooemien) am stärksten ist. In der Rede Catos steht nicht iustitia, sondern iustum imperium (C 52, 21). Dies ist ein weiterer Beleg dafür, daß

[1]) Pohlenz, Antikes Führertum, 27.

[2]) Heinze, Herm. 64, 1929, 164 bemerkt, daß der Begriff iustitia im römischen Denken wenig verwurzelt sei.

Sallust der altrömischen Sprache und dem altrömischen Denken näher steht als Cicero, in dessen Staatslehre die iustitia eine zentrale Stellung einnimmt. Was sich für den Begriffsumfang von virtus und fides positiv zeigen läßt [1]), bestätigt sich hier (wie bei der gravitas und der humanitas) von der negativen Seite.

Nachdem Sallust von der Treue gegen die amici gesprochen hat, fährt er in Kapitel 9 fort: »Durch Kühnheit im Krieg, durch Gerechtigkeit [2]) im Frieden betreuten sie sich selbst und den Staat«. Als Beweis führt Sallust an, daß »die Römer im Kriege öfter gegen die einschreiten mußten, die gegen den Befehl weiterkämpften, als gegen diejenigen, die die Feldzeichen verließen oder geschlagen von der Stelle wichen, im Frieden aber mehr durch 'Wohltaten' als durch Furcht die Herrschaft führten und nach empfangenem Unrecht lieber verzeihen als verfolgen wollten«. Wir finden in diesem Kapitel fast alle Grundbegriffe, die die römischen Herrschaftsverhältnisse bestimmen: iustitia und aequitas, fides und amicitia (in amicos fideles erant), beneficia und clementia (die in dem Begriff ignoscere enthalten ist [3])). Sie alle faßt Sallust am Anfang des Kapitels 10 mit dem Begriff iustitia zusammen. Sie sind mit dem imperium iustum der Catorede gemeint.

Es ist nun die Frage, inwiefern die Ideologie, die hier Sallust prinzipiell verkündet, als altrömisch angesprochen werden kann.

---

[1]) S. 21 und S. 99 f. Über das Fehlen von gravitas und die Seltenheit von constantia S. 69, 1, über das Fehlen von humanitas u. S. 83, 1, über die seltene und altertümliche Verwendung von ratio S. 49.

[2]) Der Begriff der Gerechtigkeit ist hier durch aequitas wiedergegeben, die nicht die starre und strenge Rechtsgültigkeit (dies ist die eigentliche Bedeutung von iustitia; bellum iustum ist nicht der »gerechte Krieg«, sondern der Krieg, der rechtsgültig nach den Formen des Fetialrechts eingeleitet worden ist), sondern die milde und gütige Ausdeutung des Rechts bedeutet. Hierüber vgl. STROUX, Summum ius summa iniuria. VOIGT, Ius naturale I 345. RE I 598 ff. aequitas (KIPP). Vgl. aber auch o. S. 62. Daß hier nicht die oben behandelte demokratische aequitas gemeint ist, zeigt der Zusammenhang (»mehr durch Wohltaten« usw.). Immerhin halte ich es nicht für ausgeschlossen, daß die Vorstellung der »Unparteilichkeit« auch hier im Worte *aequitas* mitschwingt. Von Caesar sagt Cicero in der Marcellusrede 32: sed iam omnis fracta dissensio est armis, exstincta *aequitate* victoris. Aequitas ist hier wie bei Sallust die Unparteilichkeit, die nach erfochtenem Sieg auch dem Gegner gerecht wird, und »Unparteilichkeit« in solchem Falle wird zugleich als »Milde« empfunden. So kreuzen sich hier die beiden Vorstellungen, die im Begriff der aequitas liegen.

[3]) Vgl. KNOCHE, Magnitudo animi, Philol. Suppl. 27, 3, 1935, S. 1.

Dazu ist es wichtig zu untersuchen, wie sie in seiner historischen Darstellung zur Geltung kommt. Zeigt es sich nämlich, daß in den Reden der Politiker die gleichen Ideale auftauchen, und zwar in einer Weise, die sie als etwas Bekanntes und in der Tradition Gefestigtes erscheinen läßt, so wird schon dadurch äußerst wahrscheinlich, daß Sallust hier Ideen ausspricht, die in der römischen Politik lebendig gewesen sind. Läßt sich darüber hinaus zeigen, daß sie schon im 2. vorchristlichen Jahrhundert vertreten wurden, ja schon in dem Wesen der hier auftretenden römischen Begriffe angelegt sind, dann ist das hohe Alter und der römische Ursprung dieser Prinzipien erwiesen.

Die römische Großmut, die clementia [1]), um mit dem einfachsten Begriff zu beginnen, findet ihren programmatischen Ausdruck im Wesen und in der Rede Caesars im Catilina [2]). Mansuetudo und misericordia und das ignoscere werden als besonders hervorstechende Züge seines Charakters gepriesen. Moderatio ist, wie sich uns erwies, der Kerngedanke seiner Rede. Die Großmut ist eine Form der moderatio. Sie ist die moderatio demjenigen gegenüber, den man besiegt oder (wie z. B. die Catilinarier) in seine Gewalt gebracht hat. Gegen sie hat die siegreiche Nobilität gegenüber den Gracchen (J 42, 2) und hat Sulla verstoßen (C 11, 4)[3]). Und

[1]) Über sie wie über den jüngeren Begriff der humanitas, die sich teilweise mit der clementia deckt, vgl. SCHULZ, Prinzipien d. röm. Rechts 128 ff. und die dort 128, 1 und 143, 140 zitierte Literatur, am wichtigsten HARDER, Herm. 69, 1934, 64ff., ferner W. GREWE, Gnade und Recht, 1936, 65ff., ROLOFF, Maiores bei Cicero, Diss. Gött. 1938, 19, 1. Der Begriff humanitas, der im alten Latein fehlt, kommt — natürlich — im Sallust nicht vor.

[2]) DAHLMANN, Clementia Caesaris, N. Jb. 1934, 17. Zu clementia und aequitas vgl. auch W. KÖHLER, Diss. Königsberg 1910, Personifikationen abstrakter Begriffe auf römischen Münzen.

[3]) Daß Sallust, als er diese Stellen schrieb, auch an die Proskriptionen des Antonius gedacht hat, versteht sich wohl von selbst. Merkwürdigerweise ist die Einwirkung der Ereignisse, die Sallust erlebte, als er seine historischen Werke schrieb, auf diese Werke selbst, in der Sallustliteratur völlig vernachläßigt worden. Es ist bisher m. W. nicht einmal erwogen worden, ob die Wahl des Stoffes der catilinarischen Verschwörung, die Feindschaft gegen Sulla usw. nicht vielleicht irgendwelche Schlüsse zuläßt auf die Haltung des Sallust zu den Antonianern, ja vielleicht durch sie mitbestimmt ist und ob wir nicht berechtigt sind, aus manchem politischen Urteil, das er selbst ausspricht oder seinen Rednern in den Mund legt, das Urteil des Sallust über Ereignisse und Personen seiner letzten Lebensjahre herauszulesen. Ein exakter Nachweis wird hier freilich schwer möglich sein, doch würde z. B. ein genauer Vergleich

wenn die Großmut auch im Falle der Catilinarier nach Sallusts Ansicht nicht am Platze war, so hat sie sich doch in anderen Fällen als vorteilhaft erwiesen, ebenso wie die Strenge (Lucullus, vgl. S. 40), Grausamkeit und Maßlosigkeit (Sulla; Marius, vgl. S. 8, 2, S. 71, 1; die Gracchen) so mancher Politiker für Rom verhängnisvoll war. Ist nun Caesars clementia als die Verwirklichung einer altrömischen Tugend anzusehen? KNOCHE hat im Anschluß an DAHLMANN (Clementia Caesaris, N. Jb. 1934) und im Gegensatz zu HARDER (Einbürgerung der Philosophie in Rom, Antikes, 1929, 300 ff. und Nachträgliches zur humanitas, Hermes 69, 1934, 64 ff.) dies verneint (Magnitudo animi, Philol. Suppl. 1935, 74 ff.) und die Meinung vertreten, clementia sei erst durch Caesar in die Reihe der politischen Tugenden der Römer getreten. Und die Tatsache, daß Sallust sie gerade an Caesar so hervorhebt, könnte hierfür sprechen. Dagegen ist aber einmal einzuwenden, daß Sallust selbst anderer Auffassung gewesen ist. Er hat sie für eine alte Römertugend gehalten. Es geht dies nicht nur aus dem geschichtsphilosophischen Abschnitt des Catilina, sondern, wie wir oben zeigten (S. 63 ff.), auch daraus hervor, daß Sallust in der Rede Caesars die Forderung nach clementia durch die Rhodierpolitik Catos und das Verhalten der Römer gegen Karthago begründet. Ferner beruft sich Sallust im 2. Brief an Caesar auf die clementia des alten Rom, um Caesar zu Milde und Großmut zu mahnen (ep. 1, 3, 2): equidem ego cuncta imperia crudelia magis acerba quam diuturna arbitror neque quemquam multis metuendum esse, quin ad eum ex multis formido recidat[1]: eam vitam bellum aeternum et anceps gerere, quoniam neque adversus neque ab tergo aut lateribus tutus sis, semper in periculo aut metu agites. contra *qui benignitate et clementia imperium temperavere*, iis laeta et candida omnia visa, etiam hostes aequiores quam aliis cives. haud scio an qui me his dictis corruptorem victoriae tuae nimisque in victos bona voluntate praedicent. scilicet quod ea quae externis nationibus natura nobis hostibus *nosque maioresque nostri saepe tribuere*, ea civibus danda arbitror neque barbaro ritu

---

mit Ciceros Reden gegen Antonius unsere an sich nahe genug liegende Vermutung zu hoher Wahrscheinlichkeit erheben.

[1]) Der Reflex griechischer Gedanken ist hier deutlich zu sehen: das Bild des platonischen Tyrannen, der Haß und Furcht um sich verbreitet und selbst empfindet, wirkt hier ein.

caede caedem et sanguinem sanguine expianda [1]). Zweitens ist diese Berufung auf die maiores nicht etwa nur eine Fiktion des Sallust, sondern sie wird durch die Fragmente aus Catos Rhodierrede und die Bemerkung des Gellius, der sie uns erhalten hat, als historisch erwiesen. Cato hat dort das großmütige Verzeihen als etwas bezeichnet, das die »Größe Roms« erfordere: si ignoscatur, conservatum iri ostendit populi Romani magnitudinem (Gell. N. A. 6, 3, 47) und an die Milde der Vorfahren als beispielgebend erinnert: nunc clementiae, nunc mansuetudinis maiorum, nunc utilitatis publicae commonefacit (ib. 6, 3, 52) [2]). Großmut ist ihm demnach unzweifelhaft ein politisches Ideal gewesen. Dahlmann und Knoche ist diese Stelle nicht entgangen, aber sie sehen in dieser Vorstellung von der altrömischen Milde bei Cato und später nur eine »Konstruktion, wie sie jeder Zeit im Blick auf eine entfernt zurückliegende Epoche naheliegt«. »Von clementia als einem dem alten Römer eigenen Charakterzug kann man nicht sprechen« (Dahlmann, Clementia Caesaris, N. Jb. 1934, 19). Ob das richtig ist, wage ich nicht zu entscheiden. Doch verschiebt die Frage, ob Großmut ein »Charakterzug« der alten Römer gewesen sei, das Problem m. E. auf ein falsches Gleis. Denn man könnte wohl von keinem einzigen Volk behaupten, daß »Großmut« zu dem Bild seines Charakters gehöre, ohne dadurch mehr oder minder begründeten Widerspruch hervorzurufen. Wohl aber kann man sagen — und das ist das Entscheidende, was, wie mir scheint, von Dahlmann und Knoche nicht gebührend berücksichtigt wurde —, daß Großmut, Güte, Mäßigung und Hilfsbereitschaft schon früh von den Römern als die Voraussetzung römischer Größe und als eine Grundbedingung echten Führertums empfunden wurden. Es spricht sich darin eine tiefe Erkenntnis für die *ideale* Seite der Politik aus, die überall dort, wo politische Größe ist, neben der *realen*, machtmäßigen Seite eine bedeutungsvolle Rolle spielt. Ferner läßt sich kaum bestreiten, daß viele römische Führer, von Scipio Africanus [3]) und Cato über Aemilius Paulus und Scipio

[1]) Auch in der Antwort des Marcius Rex an die Gesandten des Manlius im Catilina heißt es (34, 1): ea *mansuetudine* atque *misericordia* senatum populi Romani semper fuisse, ut nemo ab eo frustra auxilium petiverit.

[2]) Auch hat er schon wie Sallust auf die Politik Roms gegen Karthago hingewiesen (Appian Pun. 65). Es ist kaum zweifelhaft, daß dieses Beispiel in Sallusts Caesarrede durch die Rhodierrede Catos beeinflußt ist.

[3]) Vgl. Polybios über ihn 10, 3, 1: ἐκεῖνος γὰρ ὅτι μὲν ἦν εὐεργετικὸς καὶ μεγαλόψυχος ὁμολογεῖται κτλ.

Aemilianus zu Caesar nicht nur von der Bedeutung dieser Tugenden ehrlich durchdrungen waren, sondern sie auch, wo es ging, zu verwirklichen suchten. So ist clementia, wenn vielleicht auch nicht gerade ein Charakterzug des römischen Volkes, so doch schon vor Caesar eine römische Führertugend gewesen [1]).

Das gleiche wie für die clementia gilt für die anderen Begriffe, die Roms Herrschaft charakterisieren: amicitia, beneficia, gratia, fides. Auch sie sind alten Ursprungs. Sie erscheinen bei Sallust nicht nur im geschichtsphilosophischen Abschnitt des Catilina, sondern überall dort, wo römische Außenpolitik zur Sprache kommt, was deutlich zeigt, daß sie in der politischen Tradition Roms einen ganz festen Platz gehabt haben müssen und nicht etwa erst im 1. Jahrhundert in die historische Überlieferung hineingetragen worden sind. Mehr als einmal wird die Übereinstimmung mit altrömischer Tradition ausdrücklich betont. Als Bocchus nach der Schlacht von Cirta mit den Römern in Verhandlung tritt, bietet ihm Sulla Frieden und Freundschaft an. Er beruft sich hierbei auf die römische Tradition; in seiner Rede sagt er unter anderem: »Dem römischen Volk schien es schon in seinen kleinen Anfängen besser, sich Freunde zu erwerben als Knechte, und es hielt es für sicherer, über Willige als über Gezwungene zu herrschen« [2]). »Du,

[1]) Vgl. im übrigen hierzu o. S. 62 f.

[2]) Vgl. z. B. Livius 8, 21, 7: ibi pacem esse fidam, ubi voluntarii pacati sint neque eo loco, ubi servitutem esse velint, fidem sperandam esse (anläßlich der Beratung über das Schicksal der Privernaten). Die kluge Politik Roms in den ersten Jahrhunderten seiner Geschichte, auf die Sulla anspielt, beruht in der Tat darauf, daß es die unterworfenen Völker nicht zu servi, sondern zu amici machte, indem es ihnen das Bürgerrecht verlieh. Schon Philipp V. weist in seinem Brief an die Larisäer auf diese römische Geflogenheit als vorbildlich hin, ein bezeichnendes Beispiel übrigens dafür, wie schon in früherer Zeit die Großzügigkeit der politischen Methoden Roms anerkannt wurde (IG IX 2, 517, p.130, 34): ἔξεστι δὲ καὶ τοὺς λοιποὺς τοὺς ταῖς ὁμοίαις πολιτογραφίαις χρωμένους θεωρεῖν ὧν καὶ οἱ Ῥωμαῖοί εἰσιν, οἱ καὶ τοὺς οἰκέτας ὅταν ἐλευθερώσωσιν, προσδεχόμενοι εἰς τὸ πολίτευμα καὶ τῶν ἀρχαίων μεταδιδόντες, καὶ διὰ τοῦ τοιούτου τρόπου οὐ μόνον τὴν ἰδίαν πατρίδα ἐπηυξήκασιν, ἀλλὰ καὶ ἀποικίας σχεδὸν εἰς ἑβδομήκοντα τόπους ἐκπεπόμφασιν.
Cicero bezeichnet dies als eine Hauptursache der Größe Roms (Pro Balbo 31): illud vero sine ulla dubitatione maxime nostrum fundavit imperium et populi Romani nomen auxit, quod princeps ille creator huius urbis Romulus foedere Sabino docuit etiam hostibus recipiendis augeri hanc civitatem oportere. Vgl. auch De off. I 35. Liv. 1, 31, 1. 4, 3, 13: dum nullum fastiditur genus, in quo eniteret virtus, crevit imperium Romanum. Dionys. Hal. 2, 16. MACCHIAVELLI,

dem es gefiel, unsere Gewalt und unsere Gunst zu erfahren, beeile dich jetzt und fahre fort, wie du begonnen hast, da es dir durch unsere Gunst vergönnt ist. Du hast viele günstige Möglichkeiten, deine Irrtümer leicht [1]) durch Dienstleistungen zu übertreffen. Schließlich nimm dies in dein Herz auf: daß das römische Volk niemals durch Wohltaten besiegt wurde (*numquam populum Romanum beneficiis victum* esse). Denn was es im Krieg vermag, weißt du ja«. Großmut und Güte, Dank und Freundschaft bestimmen hier das Ideal der römischen Herrschaft und werden an die römische Tradition angeknüpft. Nimmt man noch die fides hinzu, so hat man hier wieder alle Grundbegriffe beisammen, die das römische imperium iustum konstituieren: amicitia, gratia, beneficia (diese drei auch ausdrücklich genannt), clementia und moderatio. Es sind die gleichen wie im geschichtsphilosophischen Abschnitt des Catilina. Das Vorgehen Sullas gegen Bocchus, ein Muster römischer Diplomatie, zeigt beispielhaft, wie sie in die römische Politik eingesetzt wurden und ihre politisch-propagandistische Wirksamkeit erwiesen. Als dann König Bocchus bei dem römischen Senat um die »Freundschaft« des römischen Volkes nachsucht, erteilt ihm der Senat den ebenso großmütigen wie würdevollen [2]) Bescheid: Senatus et populus Romanus beneficii et iniuriae memor esse solet: . . . foedus et amicitia dabuntur, quom meruerit (J 104, 5). Das delictum des Bocchus verzeiht Rom großmütig, aber Vertrag und Freundschaft kann es mit ihm nicht schließen [3]), weil es ohne gute Dienste (beneficia) keine Freundschaft gibt. Denn die römischen Freundschafts- und Treueverhältnisse sind auf Leistung und

Discorsi I 6. — Über den Wert politischer Freunde auch Micipsas Vermächtnis (J 10, 4): non exercitus, non thesauri praesidia regni sunt, verum amici, quos neque armis cogere neque auro parare queas: officio et fide pariuntur, nach Xen. Kyrup. 8, 7, 13 (Dirlmeier, Φίλος und φιλία, Diss. München 1931, 36, 1; dort auch weitere Parallelen aus der lat. Literatur).

[1]) Facilius Komparativ statt Positiv: vgl. Stolz-Schmalz, Lat. Gramm., 1928, 465.

[2]) Denn an der Würde Roms, modern gesprochen an seiner Ehre, hat die Großmut ihre Grenze. Der milde Metellus (vgl. o. S. 39) läßt den Turpilius, der gegen die Soldatenehre gehandelt hat (quia illi in tanto malo turpis vita integra fama potior fuit, improbus intestabilisque videtur, hatte Sallust J 67, 3 von ihm gesagt) auspeitschen und hinrichten (J 69, 4). Hier setzt die unbeugsame severitas ein.

[3]) Über die völkerrechtliche amicitia vgl. Heuss, Die völkerrechtlichen Grundlagen der römischen Außenpolitik, Klio Beiheft 31, 1933.

Gegenleistung, wie wir es sachlich-juristisch bezeichnen, oder, wie die Römer schöner sagen und wenigstens im Ursprung schöner empfinden, auf »Wohltaten« und »Dank« und »Treue«, beneficia und gratia und fides begründet.

Ein weiteres Beispiel der Prinzipien römischer Politik, die sich um den Grundgedanken des imperium iustum gruppieren, finden wir in der Rede und dem Brief des Numiderkönigs Adherbal an den römischen Senat, in denen er Roms Hilfe gegen den Usurpator Jugurtha erbittet. Diese Äußerungen sind von prinzipieller Bedeutung, weil sie über den besonderen Fall hinaus aussprechen, was ein verbündeter König vom römischen Volk erwartet [1]). Adherbal beruft sich auf drei Dinge (zusammengefaßt in J 14, 7. 8): auf die beneficia Masinissas, der Rom im Vertrauen auf die römische fides [2]) in schwerer Kriegsnot Hilfe brachte und mit ihnen zusammen den Syphax schlug, oder, anders ausgedrückt: auf die fides der amicitia, die Masinissas beneficia begründeten; zweitens auf die Sendung Roms, auf die Hoheit des römischen Volkes, deren Aufgabe es sei, dem Unrecht zu wehren (14, 7): erat *maiestatis populi Romani* prohibere iniuriam neque pati quoiusquam regnum per scelus crescere... vos implorarem, patres conscripti, quibus *pro magnitudine imperi* ius et iniurias omnis curae esse decet (14, 16); drittens darauf, daß Rom selbst in seiner Ehre getroffen wurde, weil Numidien gleichsam ein Lehen des römischen Volkes an den Numiderkönig ist, der nach Micipsas Vermächtnis nur procurator sein sollte (ius und imperium hatte er dem römischen Volk zuerkannt). Er beruft sich also nicht formaljuristisch auf das Bündnis und auch nicht so sehr auf die *Interessen* als auf die *Ehre* Roms [3]): auf die beneficia des Masinissa, auf die treue Gesinnung Micipsas und vor allem auf die fides amicitiae und die maiestas populi Romani und die magnitudo imperi [4]). Die Dankbarkeit also und

[1]) Auch hier sind diese politischen Ideen einem praktischen Zweck, gleichsam als captatio benevolentiae, nutzbar gemacht.

[2]) 14, 5: familia nostra cum populo Romano bello Carthaginiensi amicitiam instituit, quo tempore magis *fides* eius quam fortuna petunda erat.

[3]) Von einem materiellen *Schaden*, den Rom dadurch erleidet, ist nirgends die Rede. Dagegen heißt es: Durch das Unrecht, das mir geschehen ist, ist euch Unehre getan worden (vos in iniuria mea despecti estis: J 14, 8. homo sceleratissimus *contempto imperio vostro* Masinissae me nepotem et iam ab stirpe socium atque amicum populi Romani regno fortunisque omnibus expulit: J 14, 2).

[4]) Vgl. auch die Schlußworte von Adherbals Brief an den Senat (J 24, 10):

die Hoheit des römischen Volkes und die Größe des Reiches — und man spürt deutlich, daß damit nicht die äußere Größe gemeint ist, sondern die innere [1]), das, was Cicero so oft die Würde (dignitas) und den Ruhm (gloria) und den Namen (nomen) des römischen Volkes genannt hat [2]), — die Würde und Ehre Roms, seine maiestas und fides verlangen, den Untertanen und Verbündeten zu helfen und in der Welt das Recht zu wahren [3]). Wie die Forderung Caesars und die Forderung des alten Cato, Großmut zu üben, mit dem Begriff der »Würde« bzw. der »Größe« des römischen Volkes verknüpft war, wird hier die Verpflichtung, dem Bedrängten Hilfe zu leisten, mit den gleichen Begriffen verbunden. Der Ruhm des römischen Volkes ist an diese sittlichen Werte gebunden [4]).

Daß die konkrete Darstellung der römischen Außenpolitik von den gleichen Idealen getragen ist wie die theoretische Auseinandersetzung im Catilina, ist als ein Beweis dafür anzusehen, daß Sallust seine Gedanken über die Grundlagen der römischen Herrschaft aus der römischen Politik selbst genommen hat. Denn

---

me manibus impiis eripite, per maiestatem imperi, per amicitiae fidem, si ulla apud vos memoria remanet avi mei Masinissae.

[1]) Es ist die innere Größe, von der Sallust, in der Form der praeteritio, auch in der Catorede spricht: saepenumero, patres conscripti, multa verba in hoc ordine feci, saepe de luxuria atque avaritia nostrorum civium questus sum . . . nunc vero non id agitur, bonisne an malis moribus vivamus, neque *quantum aut quam magnificum imperium populi Romani sit* etc. Es ist die magnitudo populi Romani, die Gellius im Referat von Catos Rhodierrede vielleicht mit wörtlichem Zitat aus Cato erwähnt (o. S. 85). Die gleiche Bedeutung hat *magnitudo* ep. ad Caes. 1, 7, 4: nam saepe ego quom animo meo reputans quibus quisque rebus clari viri *magnitudinem* invenissent.

[2]) Über dignitas populi Romani, rei publicae, imperii bei Cicero vgl. Wegehaupt, Die Bedeutung und Anwendung von dignitas in den Schriften der rep. Zeit, Diss. Breslau 1932, 60 ff.

[3]) Vgl. C 6, 5: sociis atque amicis auxilia portabant magisque dandis quam accipiundis beneficiis amicitias parabant. C 12, 4: neque victis quicquam praeter iniuriae licentiam eripiebant. Zu dieser römischen Sendung vgl. H. Fuchs, Augustin und der antike Friedensgedanke, 193 ff. Schulz, Prinzipien des röm. Rechts, 78 ff.

[4]) Or. Lep. 1: clementia et probitas vostra, Quirites, quibus per ceteras gentis maxumi et clari estis. Als Aulus den schmachvollen Frieden mit Jugurtha geschlossen hat, ist die gloria imperii verletzt: ubi ea Romae comperta sunt, metus atque maeror civitatem invasere; pars dolere pro *gloria imperi*, pars . . . timere libertati (J 39, 1).

wenn wir auch nicht wissen können, ob Sulla oder Adherbal wirklich diese Wendungen gebraucht haben, hat Sallust doch nach dem Gesetz des οἷα ἂν γένοιτο, das für die Reden der antiken Geschichtsschreibung gilt [1]), diese Form der Beweisführung gewählt, weil sie ihm eben aus römischer Geschichte und Politik bekannt war [2]). Er folgt also nicht etwa einer griechischen Theorie, sondern den tatsächlichen Grundprinzipien römischer Außenpolitik, die sich in einer langen Tradition herausentwickelt haben. Es könnte dies (wie in den vorangegangenen Kapiteln über virtus und moderatio) auch durch die Übereinstimmung mit fast allen lateinischen Autoren, durch eine kritische Betrachtung dessen, was über die römische Politik der älteren Zeit als gesichert gelten darf, wobei die Auswertung der catonischen Fragmente und des Polybios [3]) am bedeutungsvollsten wäre, und durch die Wortgeschichte erschlossen werden. Wir können dies im Rahmen dieser Untersuchung nicht in vollem Umfang leisten, dürfen aber stattdessen auf die Arbeiten verweisen, die in den Anmerkungen dieses Kapitels zitiert sind. Auch sei es gestattet, exempli gratia zwei Stellen aus Cicero und Livius herauszugreifen, die die Bedeutung der Güte und Großmut in der Politik hervorheben und so im Grundsätzlichen mit Sallust übereinstimmen. Ferner soll eine kurze Betrachtung der römischen Treueverhältnisse am Beispiel des sallustischen Werkes zeigen, wie sehr die in Rede stehenden Begriffe

---

[1]) Die Bedeutung der »objektiven« Wahrheit, der γνώμη τῶν ἀληθῶς λεχθέντων, für die Reden der antiken Geschichtsschreibung ist durch die Forschung der letzten Jahre am Beispiel des Thukydides geklärt worden. Sallust hat diese Forderung ebenfalls erfüllt.

[2]) Welche Rolle die römische fides und überhaupt die sittlichen Grundsätze in der römischen Politik spielten, die auf moralische Rechtfertigung ihrer Handlungen sehr bedacht war, hat vor allem Gelzer in dem Aufsatz über die römische Politik bei Fabius Pictor schön gezeigt (Herm. 68, 1933, 129ff.). Daß sie schon im 2. Jhdt. bewußt gewesen sind, ist durch Polybios und Cato (Rhodierrede) bewiesen. Es ist allerdings deutlich, daß die moralischen Werte, die mit den Begriffen clementia, humanitas, aequitas bezeichnet sind, von Polybios zu Livius und erst recht zu Plutarch eine immer größere Geltung erlangt haben. Eine Monographie über die Geschichte dieser Begriffe wäre sehr erwünscht.

[3]) Vgl. o. S. 63, 1. Außer den dort und bei Fuchs a. O. zitierten Stellen vgl. z. B. auch Polyb. 24, 10, 11: Ῥωμαῖοι ὄντες ἄνθρωποι καὶ ψυχῇ χρώμενοι λαμπρᾷ καὶ προαιρέσει καλῇ πάντας μὲν ἐλεοῦσιν τοὺς ἐπταικότας καὶ πᾶσι πειρῶνται χαρίζεσθαι τοῖς καταφεύγουσιν ὡς αὐτούς.

der Güte und Großmut, des Dankes und der Treue mit dem Wesen dieser politischen Einrichtungen verknüpft sind, deren Alter nicht bestritten werden kann.

Livius berichtet, daß die Samniten nach der Einschließung der Römer bei den caudinischen Pässen darüber beraten hätten, was man mit dem gefangenen Heere tun solle. Da rät der greise Herennius Pontius, man möge die Römer so schnell als möglich unversehrt abziehen lassen. Und als dies keinen Gefallen findet, ist er dafür, sie bis auf den letzten Mann zu vernichten. Als Begründung dieser beiden sich widersprechenden Ratschläge gibt er an (Liv. 9, 3, 10): priore se consilio *quod optimum duceret*, cum potentissimo populo *per ingens beneficium* perpetuam firmare pacem amicitiamque, altero consilio in multas aetates ... bellum differre; tertium nullum consilium esse. Die Samniten aber folgten keinem der beiden Ratschläge, sondern taten das Unklügste, was sie tun konnten: sie wählten die halbe Lösung und erniedrigten das römische Heer, ohne es zu vernichten. Ista quidem sententia ea est, hatte Herennius Pontius von diesem Plan gesagt, quae neque amicos parat neque inimicos tollit. Ich wüßte nicht, wo sonst noch diese Grundforderung aller Politik, die wirklich Größe hat, sich entweder echte Freunde zu schaffen oder seine Feinde zu vernichten, in einem geschichtlichen Beispiel mit solcher Klarheit gestaltet und ausgesprochen wäre. Für uns aber ist vor allem wichtig, daß Herennius es für das politisch Klügste hält, durch die »ungeheure Wohltat« der großmütigen Freilassung des römischen Heeres sich die Freundschaft des römischen Volkes zu gewinnen. Daß dies ganz aus dem römischen Empfinden des Livius gesagt ist, bedarf wohl keines Beweises.

Auch Cicero hat — in der Formulierung ähnlich wie Sallust, und darum führen wir die bekannte Stelle hier an — die *beneficia* des römischen Volkes als die Grundlage des römischen Imperiums in der großen Zeit verkündet: Quam diu imperium populi Romani *beneficiis* tenebatur, bella aut pro sociis aut de imperio gerebantur[1])

[1]) Die beiden Arten des römischen Krieges auch bei Sallust: hostibus obviam ire, libertatem patriam parentisque armis tegere (C 6, 5): das ist der Kampf um die Freiheit oder, wie Cicero sagt, um das Imperium. Post ubi pericula virtute propulerant, sociis atque amicis auxilia portabant: das ist der Kampf für die Bundesgenossen. Vgl. Cicero De rep. III 35: noster autem populus sociis defendendis terrarum iam omnium potitus est.

... magistratus imperatoresque ex hac una re maximam laudem capere studebant, si provincias, si socios aequitate et fide defendissent. Itaque illud patrocinium orbis terrae verius quam imperium poterat nominari. Zwischen Rom und den socii besteht ein Treueverhältnis wie zwischen Patron und Klient.

Dies gilt nun auch für Sallusts imperium iustum, obwohl dort der Ausdruck patrocinium nicht fällt. Alle Begriffe, die es kennzeichnen, sind zugleich die Begriffe, die die römischen Treueverhältnisse bestimmen. Sie sind von ihnen auf das Imperium übertragen. Ist dies aber der Fall, dann ist ein wichtiges Indiz für den römischen Ursprung der Grundwerte des römischen Machtgedankens und der römischen Imperiumsidee gewonnen. Die Begriffe griechischer Staatsethik, die hier hereinwirken (vgl. o. S. 84, 1 u. 95 ff.), drücken nur aus, was in der römischen Wirklichkeit von Anfang an vorhanden war. Um dies zu zeigen, sollen jene Treueverhältnisse kurz betrachtet werden, vor allem soweit sie im Werke Sallusts zur Darstellung kommen.

Beneficia, fides und gratia beherrschen das Verhältnis von *Patron* und *Klient*[1]), dem bei Sallust freilich eine besondere Bedeutung nicht zukommt (nur in der Rede des Konsuls Cotta wird es angedeutet, der hilfsbereit jedem mit Rat und Tat zur Verfügung war und sich selbst als private gratiae avidissimus bezeichnet). Sie bestimmen die politischen Beziehungen von *Magistrat* und *Volk*. Gratia (die sich Cotta wie Cicero vor allem durch seine Anwaltstätigkeit erworben hatte) und fides sind die Hauptvoraussetzungen für die Wahl des Magistrats. Die fides zeichnet den Magistrat auch in seiner eigentlichen Amtstätigkeit aus. Es ist das

---

[1]) Über die Klientel und die Nah- und Treueverhältnisse außer Fustel de Coulanges, Histoire des institutions politiques de l'ancienne France, 5 (Les origines du système féodal, 6. éd. 1926, 205 ff.) vor allem Gelzer, Die Nobilität der römischen Republik, 49ff. Ferner v. Premerstein, Clientes RE IV 1, 23ff. Soltau, Grundherrschaft und Klientel in Rom, NJb 1912. Heinze, Fides, Herm. 64, 1929, 151. v. Premerstein, Vom Werden und Wesen des Prinzipats, Kap. 2. Zur soziologischen Grundlage des Prinzipats, Abh. Bay. Ak. 1937, 13 ff. (herausgegeben v. H. Volkmann). — Über den ganzen Kreis der Begriffe amicitia, gratia, beneficium, officium Reitzenstein, Zur Sprache der lateinischen Erotik, SHA 1912, 15 ff. Pohlenz, Antikes Führertum, 15. 39. 100. Kroll, Kultur der cic. Zeit I 55 ff. 113 ff. Schneidewin, Die antike Humanität, 1897, 126 ff. Bernert, De vi atque usu vocabuli officii, Diss. Breslau 1930. Schulz, Prinzipien d. röm. Rechts, 1934, Kap. »Treue«, 151 ff.

Vertrauen, das man ihm in Rom und in den Provinzen entgegenbringt [1]), weil er Magistrat ist, und weil er Römer ist. Sallust klagt einmal darüber, daß die fides quaestui est (J 31, 12), d. h. daß die Vertrauensstellung zur Bestechung mißbraucht wird. J 16, 3. 4 wird angedeutet, daß ein Beamter, der sich bestechen läßt, seine fides verliert: Iugurtha dando et pollicendo multa perfecit, uti (Opimius) fama *fide* postremo omnibus suis rebus commodum regis anteferret; reliquos legatos eadem via adgressus plerosque capit, *paucis carior fides quam pecunia fuit*. Marius berichtet nach seiner Wahl zum Konsul von seinen Taten, um seine fides, die ihm das Konsulat eingebracht hat, zu erweisen bzw. ins Gedächtnis zurückzurufen (vgl. o. S. 49). Der Begriff *beneficium* spielt in dem Verhältnis von Volk und Magistrat ebenfalls eine Rolle. In der Mariusrede (J 85, 3) und in der Cottarede (§ 5) sprechen (wie in Cic. De lege agraria II) die Konsuln davon, daß sie ihre Stellung dem beneficium des Volkes verdanken. Dieser Ausdruck für die Wahl des Volkes begegnet auch bei Cicero und Livius nicht selten [2]) und ist, obwohl man ihn für ein Erzeugnis jüngerer Demagogie halten könnte, die dem souveränen Volk Komplimente machen will, doch wohl älteren Ursprungs [3]). Wenn, was später ausge-

---

[1]) In diesem Fall würden wir, wie Heinze a. O. 162 ausführt, von »Amtspflicht« sprechen. Wo es uns um Pflichterfüllung geht, steht für den Römer je nachdem das Vertrauen, das er genießt (fides), seine Ehre (honestum), sein Ansehen und seine Würde (dignitas, existimatio, laus) auf dem Spiel. Was wir, mehr von innen gesehen und abstrakt, als »Pflichten« bezeichnen, ist für den Römer konkret auf die Anerkennung der Gemeinschaft bezogen, der jene »Pflichten« gelten und die über sie urteilt. Ganz falsch ist es aber zu sagen, wie es Wegehaupt in seiner Diss. über dignitas (Breslau 1932) tut, daß dignitas »die sittliche Aufgabe einer Pflicht« *bedeute* (S. 24). Auch ist es niemals gleich officium (S. 28). Eine Übersetzung, die sich mehr nach dem deutschen Sprachgebrauch als nach dem lateinischen Wortsinn richtet, wird immer der Gefahr der Verfälschung unterliegen. — Vgl. hierzu auch Knoche, Der römische Ruhmesgedanke, Phil. 1934, 102 und Pöschl a. O. 145 f., wo gezeigt wurde, daß in der römischen res publica, deren Idealgestalt Cicero darstellt, die Anerkennung durch die Gemeinschaft eine ungleich größere Bedeutung hat als in Platos Politeia.

[2]) Belege aus Cicero bei Wegehaupt a. O. 21, 10.

[3]) Wenn auch natürlich Cicero, Marius und Cotta diesen Ausdruck in demagogischer Absicht verwenden. Daß er älter ist, würde durch ein Catofragment bewiesen, wenn, was ich für wahrscheinlich halten möchte, Fraccaros Ergänzung richtig ist (Festus p. 364 L): Redemptitavere item, ut clamitavere: Cato idem in ea, qua egit de signis et tabulis: honorem temptavere, ait, *benefacta* bene-

führt wird, wer in Rom Herrschaft ausübt, sein Herrschaftsrecht durch beneficia erweist, so würde die Vorstellung, daß das Volk dem Magistrat beneficia erweise, bedeuten, daß in Rom nach Mommsens Ausdruck »das Volk der Herr, der Magistrat der Diener sei«. Dies würde aber das Verhältnis doch nur sehr einseitig beleuchten. Denn die rechtliche und politische Unabhängigkeit des römischen Magistrats ist gerade ein Charakteristikum der römischen Staatsverfassung [1]), und es kann kein ernstlicher Zweifel darüber bestehen, wer in Wirklichkeit die Führung hat. Auch erscheinen ja die beneficia des Volkes, die sich in den Wahlen manifestieren, ihrerseits als ein Lohn für die beneficia und merita, die sich der Konsul in amtlicher und außeramtlicher Tätigkeit vor seiner Amtsbewerbung erworben hat. In ihnen erfüllt sich genau genommen nur die gratia, die Dankesschuld, die sich der Konsul verdient hat. Es besteht hier also ein wahres Hin und Her von Dienst und Dank, das für die römische Auffassung politischer Beziehungen so kennzeichnend ist. Als Beispiel hierfür kann ein Satz aus der Mariusrede dienen, wo ausdrücklich gesagt ist, daß das beneficium der Wahl eine merces für die früheren Leistungen des Konsuls sei (J 85, 8): quae ante vostra beneficia gratuito faciebam, ea uti accepta mercede deseram, non est consilium, Quirites. Nun, da er den Lohn empfangen hat, verpflichtet ihn umgekehrt wieder seinerseits die merces des Volkes zu weiterer Leistung. — In der Bezeichnung der Wahl als eines beneficium des Volkes mag sich ursprünglich das römische Empfinden ausgesprochen haben, daß jede das eigene Fortkommen fördernde Handlung ein beneficium sei, das zu Dank verpflichte, und vielleicht auch das Bewußtsein dessen, was der Politiker dem Volke verdankt, das seine Größe und die Größe seiner gens willig anerkennt. In der Anwendung in der Rede des Marius und bei Cicero war dies »beneficium« längst zu einem Schlagwort der Demagogie herabgesunken.

---

factis non redemptitavere (hierüber Fraccaro, Studi storici per l'Antichità classica 4, 1911, 35, A. 5). Für das erste benefacta gibt die Festushandschrift ein l zwischen zwei Punkten + facta, was gewöhnlich zu malefacta ergänzt wird. Fraccaro sieht in diesem l möglicherweise die Wiedergabe eines halbverschwundenen b, das allein von dem Anfang des Wortes übrig geblieben wäre.

[1]) Schulz, Prinzipien des röm. Rechts, 116 ff. Mommsen, Staatsr. I 198 ff. III 303 ff. 369 ff.

Beneficia, gratia und fides beherrschen schließlich auch das Verhältnis von *Führer* und *Soldat*, das sich so als echtes Treueverhältnis erweist [1]). Jugurtha erinnert vor der Schlacht seine Soldaten beneficii sui (J 49, 4). Von Sulla wird erzählt, wie er im Jugurthinischen Krieg die Soldaten durch beneficia für sich gewann. Aus dieser Auffassung der militärischen Unterordnung als eines Kameradschaftsverhältnisses, die sich hieraus ergibt, muß Sallust die Strenge des Lucullus tadeln (vgl. o. S. 40) und die leutselige Haltung des Metellus, Marius (vgl. o. S. 41 f.) und Sulla loben. Fürsorge für die Soldaten und eine kameradschaftliche Haltung gehört zum Ideal des römischen Feldherrn, das schon Cato gültig formuliert hat [2]).

Genau wie zwischen Patron und Klient, zwischen Magistrat und Volk, zwischen Führer und Soldat besteht also der Idee nach zwischen Rom und seinen Bundesgenossen ein Verhältnis der Treue, das von den Begriffen beneficia, fides, gratia, amicitia getragen wird.

Es ist jedoch ebenso wie die anderen betrachteten politischen Verhältnisse als Treueverhältnis noch nicht hinreichend charakterisiert. Genau so, wie in der Klientel als dem Treueverhältnis κατ' ἐξοχήν [3]) oder zwischen Magistrat und Volk eine strikte Gegenseitigkeit nicht vorliegt, genau so wenig sind das römische Volk und seine Bundesgenossen völlig gleichgestellte Partner, die sich gegenseitig gute Dienste erweisen. Das römische Volk setzt vielmehr in der 'idealen' Zeit seinen Stolz darein, mehr Wohltaten zu geben als zu empfangen: magis dandis quam accipiundis beneficiis amicitias parabant (C 6, 5). Die römische Auffassung berührt sich hier mit der attisch-perikleischen bei Thukydides im

---

[1]) Das Verhältnis von Führer und Soldat ist, soweit ich sehe, im Zusammenhang der römischen Treuverhältnisse nirgends behandelt. Allerdings wird auch m. W. der Feldherr nie als Patron seiner Soldaten bezeichnet, wohl aber gelegentlich als Vater, z. B. an jener Stelle des Livius, die oben S. 42, A. 2 zitiert wurde, und die auch von beneficia und comitas spricht. Das Verhältnis des Vaters zu seinem Kinde ist das natürliche Urbild aller Treueverhältnisse, was sich schon in der Ableitung patronus aus pater ausspricht. Diese Vorstellung ist auch wichtig für das Aufkommen des Begriffes 'pater patriae'. Damit verwandt ist die Vorstellung des tutor rei publicae, die z. B. in Ciceros De re publ. eine Rolle spielt.

[2]) Vor allem in seiner Rede über den spanischen Feldzug: De consulatu suo.

[3]) Vgl. Heinze, Herm. 64, 1929, 151.

Epitaphios II 40, 4 so eng, daß sich Sallust an die Formulierung des Thukydides anlehnen konnte: οὐ γὰρ πάσχοντες εὖ, ἀλλὰ δρῶντες κτώμεθα τοὺς φίλους [1]). Auch den Vorrang dessen, der die χάρις erweist, vor dem, der sich dafür revanchieren muß, hat Thukydides in einer Weise ausgesprochen, die dem römischen Ideal entspricht: βεβαιότερος δὲ ὁ δράσας τὴν χάριν ὥστε ὀφειλομένην δι' εὐνοίας ᾧ δέδωκε σῴζειν, ὁ δ'ἀντοφείλων ἀμβλύτερος, εἰδὼς οὐκ ἐς χάριν ἀλλ' ἐς ὀφείλημα τὴν ἀρετὴν ἀποδώσων [2]). Daraus ergibt sich, daß, wer die χάρις gibt, als der βεβαιότερος mehr Vertrauen, römisch gesprochen, mehr fides genießt als der, der sie schuldet [3]).

[1]) Knoche, Magnitudo animi, Philol. Suppl. 27, Heft 3, 1935, 37 A. 162 glaubt, daß hier Sallust auf Aristoteles Eth. Nic. 4, 1120 a 11 τῆς ... ἀρετῆς μᾶλλον τὸ εὖ ποιεῖν ἢ τὸ εὖ πάσχειν κτλ. anspiele. Wenn dies auch unwahrscheinlich ist und die Anlehnung an Thukydides hier kaum bestritten werden kann, so ist doch der Hinweis auf die Nikom. Ethik des Aristoteles wertvoll. In ihr haben wir eine systematische Darstellung der griechischen Moral vor uns, die für die Folgezeit von großer Bedeutung gewesen ist. M. a. W., daß Aristoteles direkt auf Sallust gewirkt habe, ist unbeweisbar, daß aber die griechischen Anschauungen, die Aristoteles formuliert und in ein System gebracht hat, und auch Einzelheiten dieses Systems selber (vgl. o. S. 39, 3) gelegentlich im Sallust durchscheinen, ist sicher. — Zu dem Satz des Thuk. vgl. Dirlmeier a. O. 52.

[2]) Wiederum berührt sich hiermit eine Stelle aus der Nikomachischen Ethik des Aristoteles, 4, 1124 b: καὶ οἷος εὖ ποιεῖν (ὁ μεγαλόψυχος), εὐεργετούμενος δ' αἰσχύνεται· τὸ μὲν γὰρ ὑπερέχοντος, τὸ δ' ὑπερεχομένου· καὶ ἀντευεργετικὸς πλειόνων (d. h. er gibt mehr zurück, als er empfangen hat). οὕτω γὰρ προσοφλήσει ὁ ὑπάρξας ((sc. τῆς εὐεργεσίας) καὶ ἔσται εὖ πεπονθώς. δοκοῦσι δὲ καὶ μνημονεύειν οὓς ἂν ποιήσωσιν εὖ, ὧν δ' ἂν πάθωσιν οὔ· ἐλάττων γὰρ ὁ παθὼν εὖ τοῦ ποιήσαντος, βούλεται δ' ὑπερέχειν. Auf die Verwandtschaft dieser Gedanken mit der im folgenden zitierten Äußerung Sallusts über Sulla, der so als ein wahrer μεγαλόψυχος erscheint, sei besonders hingewiesen. Daß auch dort Sallust von griechischen Gedanken und Formulierungen beeinflußt ist, scheint mir daraus unwiderleglich hervorzugehen. Nur ist es falsch zu meinen, wie es Knoche tut (a. O. 27 ff.), die hohe Bewertung der Großzügigkeit widerspreche im tiefsten dem altrömischen Wertkanon. Die Bedeutung, die die Begriffe fides, gratia und beneficia im altrömischen Denken gehabt haben, zeigt, wie mir scheint, daß auch hier zum Begriff der Macht die Güte und Fürsorge, das εὐεργετεῖν, gehört. Vgl. o. S. 65 ff. und die folgenden Ausführungen.

[3]) Zur Erklärung der Thukydidesstelle und zum Wesen der χάρις Stenzel, GGA 1926, 203. Gundert, Pindar und sein Dichterberuf, Frankfurt 1935, 30 ff. Vgl. auch u. S. 103. Über die Rolle der εὐεργεσίαι in der griechischen Politik, der εὔνοια und πίστις bei Thukydides vgl. Skard, Euergetes und Concordia, Abh. d. Vi.-Ak. Oslo 1931, 48 ff. Über χάρις ferner Loew, Χάρις, Diss. Marburg 1908. Hewitt, The Terminology of »Gratitude« in Greek, Class. Phil. 1927.

Nicht also die beneficia allein bezeichnen die Stellung, die Rom zu seinen Bundesgenossen und Freunden einnimmt, sondern das *Übergewicht der beneficia.* Und genau das gleiche trifft für die anderen Treueverhältnisse zu. An der zitierten Stelle über das Verhalten Sullas zu seinen Soldaten im Jugurthinischen Krieg wird berichtet, Sulla habe anderen beneficia erwiesen, aber nur ungern welche empfangen und sie schneller als eine Schuld zurückgezahlt; niemals habe er beneficia von jemandem verlangt, sondern immer darnach getrachtet, daß ihm möglichst viele welche schuldeten. Mit anderen Worten: er ist peinlich darauf bedacht, das Übergewicht der beneficia zu wahren. Dieses ist ein Merkmal der römischen *gratia,* und DREXLER (NJb. 1928) hat denn auch aus dieser Stelle des Wesen dieses Begriffes vortrefflich erläutert. Gratia, d. h. Huld und Gunst, beweist und besitzt der, — so könnte man formulieren — der mehr beneficia erweist als empfängt, bzw. er besitzt sie solange als der Überschuß an beneficia nicht ausgeglichen ist. Zwei weitere Stellen im Sallust können diese Eigentümlichkeit der gratia noch genauer erläutern. König Bocchus sagt in der geheimen Unterredung mit Sulla: »Ich hätte niemals geglaubt, daß ich, der größte König dieser Welt und der größte von allen (der Vergangenheit), von denen ich weiß [1]), einem gewöhnlichen Sterblichen Dank schulden würde. Und beim Hercules, bevor ich dich kennen lernte, Sulla, habe ich vielen, die mich darum baten, anderen auch aus eigener Initiative Hilfe gebracht, ohne daß ich je eines anderen bedurft hätte. Daß dies nun gemindert wurde, darüber würden andere Schmerz empfinden, ich aber freue mich darüber. Es soll mir wertvoll sein, einmal deiner Freundschaft bedurft zu haben, die meinem Herzen das Teuerste ist . . . nimm Waffen, Männer, Geld, alles, was du willst, nimm und gebrauch es und glaube niemals, daß der Dank dir zurückgegeben sei, immer wird er ganz bei mir weilen (numquam tibi redditam gratiam putaveris: semper apud me integra erit)« (J 110). Aus den letzten Worten wird ganz klar, warum die beneficia die Gegenleistung überwiegen müssen. Wenn die gratia reddita, die Gunst zurückgegeben wäre, würde sie normalerweise erlöschen.

[1]) In diesen grotesken Worten charakterisiert Sallust den eitlen Barbarenfürsten, dem er Untreue (J 108, 3) und die schwankende Seelenhaltung eines τυραννικὸς ἀνὴρ nachsagt (J 113, 1). Zugleich wird dadurch die Schmeichelei für Sulla noch größer.

Dann würde die gratia, die »Dankesverpflichtung«, nicht mehr bestehen. Bocchus dagegen will zwar in seiner königlichen Gesinnung die gratia auch dann noch als existent betrachten, und daß er dies besonders hervorhebt, zeigt, daß nicht von jedem, den man sich durch gratia verpflichtet hatte, solch königliche Haltung zu erwarten war.

Adherbal sagt in seiner Rede vor dem römischen Senat: »Ich wollte lieber, ich könnte euch um meiner eigenen beneficia als um der meiner Vorfahren willen um Hilfe bitten. Am liebsten aber wäre es mir, wenn mir beneficia vom römischen Volke geschuldet würden, die ich nicht nötig hätte, am zweitliebsten, wenn ich sie, falls sie nötig wären, als geschuldet in Anspruch nehmen könnte (J 14, 3).« Wieder also das Bestreben, das Übergewicht der 'Wohltaten' auf seiner Seite zu haben. Wenn das römische Volk ihm beneficia schuldete, besäße er die gratia, wenn zwischen seinen beneficia und den beneficia Roms ein Ausgleich bestünde, würde zwischen den beiden Machtpositionen eine Art Gleichgewicht herrschen. Seine tatsächliche Lage aber, die ihn zwingt, die beneficia Roms ohne vorherige Gegenleistung in Anspruch zu nehmen, gibt ihn völlig in die Macht Roms.

Hieraus wird völlig deutlich: wie beneficia allein Freundschaft gründen, so schafft das Mehr an beneficia *gratia*, Dankesverpflichtung, d. h. Abhängigkeit und Herrschaft, oder besser, da es sich nicht um eine äußere, juristisch begründete, sondern eine innere, durch beneficia erworbene und daher sittlich anerkannte Macht handelt, *Gefolgschaft*. Nicht zutreffender als durch diesen deutschen und germanischen Begriff kann man ein Herrschaftsverhältnis bezeichnen, das durch »Dank und Gunst«, durch »Wohltaten« und »Vertrauen« bestimmt ist[1]).

[1]) Was diese römische Gefolgschaft von der germanischen grundsätzlich unterscheidet, ist die kalt erscheinende Berechnung, mit der dafür gesorgt wird, daß die gratia sozusagen nicht abläuft. Die unbedingte Hingabe an einen Führer, dem man sein Leben weiht, ohne nach Leistung und Gegenleistung zu fragen, überhaupt die Idee des »Dienstes«, der »Hingabe«, auch der Begriff der Gefolgschaft selbst haben im Lateinischen keine genaue Entsprechung, oder, wenn sie doch einmal anklingen (melioribus *parere*; sequi usw. kommt natürlich vor; comitatus verwendet Tacitus zur Bezeichnung der germanischen Gefolgschaft), haben sie niemals den Glanz und die Tiefe deutscher Begriffe. Doch haben diese ja auch z. B. im Französischen und Englischen kein Äquivalent. Umgekehrt haben die lateinischen Begriffe amicitia, beneficia, gratia im Englischen, Franzö-

Dies ist für die Beurteilung aller römischen Treueverhältnisse bis hinauf zum Imperium des römischen Volkes bedeutsam: es sind niemals Treueverhältnisse völlig gleichgestellter Partner, mögen sie auch als amicitia und societas bezeichnet werden, sondern es sind in Wahrheit immer *Gefolgschaftsverhältnisse*[1]). Nicht nur aus dem Wesen der gratia geht dies hervor, sondern auch aus dem ursprünglichen Wesen der *fides*, wie es Richard HEINZE in allem Wesentlichen richtig dargestellt hat[2]). Die *fides* des Klienten spielt ursprünglich keine Rolle, sondern nur die des Patrons[3]). Fides ist nicht das Vertrauen, das man einem anderen schenkt, sondern das Vertrauen, das man bei einem anderen genießt. Es ist das, was den Führer auszeichnet, was ihm seine Gefolgschaft verschafft.

Es sei hier bemerkt, daß bei Sallust ausschließlich diese ältere »passive« Bedeutung von »Vertrauenswürdigkeit«, »Zuverlässigkeit«,

---

sischen und Italienischen Entsprechungen, die im Deutschen fehlen oder doch nicht den gleichen Klang haben. Man denke auch an die Rolle der Freundschaft in Frankreich (hierüber z. B. Paul Distelbarth, Lebendiges Frankreich, franz. Ausg. Paris 1936, I 206 ff.) oder an die Mutualité, die Gegenseitigkeit, der man dort sogar ein Denkmal errichtet hat.

[1]) Fustel de COULANGES a. O. hat für die römischen Gefolgschaftsverhältnisse den Ausdruck »Patronat« verwendet. GELZER schlägt in seiner grundlegenden Behandlung des Gegenstandes a. O. stattdessen den allgemeineren und darum zutreffenderen Ausdruck »Nah- und Treueverhältnisse« vor, der nur eben die Ungleichartigkeit der Partner nicht zum Ausdruck bringt.

[2]) Berichtigung einer Einzelheit bei HEUSS a. O. 63, 1.

[3]) HEINZE, Vom Geist des Römertums, 40: 'das Verhältnis (von Patron und Klient) beruht nicht auf strikter Gegenseitigkeit; von einer fides des Klienten, in der sich der Patron befände, kann nicht die Rede sein. Auch widerspräche es dem Wesen der fides, wenn dem Patron das Recht zustände, von seinem Klienten Gegendienst zu *fordern*'. Ob dies wirklich in vollem Umfang zutrifft, erscheint nicht ganz sicher, weil das in fidem recipere ein gegenseitiges Verhältnis begründet. Sobald der Akt des in fidem recipere vollzogen wurde, ist, will mir scheinen, nicht nur die fides des in fidem recipiens, sondern auch die des in fidem receptus engagiert. Einen Beleg für die Klientel weiß ich nicht zu nennen, aber die fides sociorum muß ein alter Begriff sein. Bundesgenossenschaft beruht auf Vertrag, foedus aber hat seinen Namen, berichtet Paul. Fest. p. 84, vel quia in foedere interponatur *fides*. Vgl. Enn. ann. 32: *accipe daque fidem*. Fides von socii häufig, z. B. Liv. 6, 2, 3. 25, 20, 4. 34, 9, 10. 9, 6, 4: incerti de fide sociorum. 34, 31, 4: fidem socialem.

»Treue« (im Sinne von Zuverlässigkeit)[1], »Glaubwürdigkeit«[2]), »Kredit«, aber niemals der jüngere Sinn von »Vertrauen«, »Glauben« vorkommt, der erstmals im Auctor ad Herennium und in Ciceros De inventione belegt ist[3]). Es ist dies eine neue Bestätigung dafür, daß Sallust mit der altrömischen Sprache zusammengeht.

Die enge Verknüpfung der Begriffe gratia, fides und beneficia mit den römischen Treueverhältnissen war uns ein Beweis dafür, daß diese Begriffe alt sind. Sind nun aber die römischen Treuverhältnisse Gefolgschaftsverhältnisse und damit doch auch Machtverhältnisse, stehen die Begriffe fides, gratia, beneficia somit im Dienste des Machtgedankens, so erhebt sich die Frage, ob diesen scheinbar moralischen Begriffen eine wirkliche sittliche Bedeutung zugrunde liegt, und ob nicht doch jene Auffassung recht hat, die den alten Römern Güte und Großmut absprechen will. Ich glaube, der sittliche Kern dieser Begriffe kann nicht angezweifelt werden. Denn die letzte Grundlage der fides und der gratia und der beneficia, die die Gefolgschaft begründen, ist auf der einen Seite die edle Gesinnung der Großen und Mächtigen, ihre Bereitschaft zu helfen und ihr Wille, Ordnung zu schaffen, und auf der anderen das Vertrauen, das diese Gesinnung bei den Kleinen und Hilfsbedürftigen findet. Dies geht schon aus dem Wesen und dem ursprünglichen Wort-

[1]) In H II 21: Saguntini fide atque aerumnis incluti prae mortalibus ist zwischen 'Zuverlässigkeit' und 'Treue' kein Unterschied. Eine 'Eigenschaft' (was es nach HEINZE, Vom Geist des Römertums 37, ursprünglich nicht war, aber, wie H. ebendort anführt, gelegentlich schon bei Plautus bedeuten kann) bezeichnet es zweifellos C 10, 4: avaritia fidem probitatem ceterasque artis bonas subvortit. In der römischen Kaiserzeit wird fides auf den Münzen oft vom Heere gebraucht, wo wohl auch mehr die Nuance der 'Treue' und 'Ergebenheit' als der 'Zuverlässigkeit' empfunden wurde.

[2]) J 17, 7: ceterum fides eius rei penes auctores erit. Hier liegt die Übersetzung »Gewähr, Bürgschaft« am nächsten wie in J 29, 4: fidei causa schickte Bestia den Quaestor Sextius zu Jugurtha.

[3]) Ed. FRAENKEL, Rh. Mus. 71. 1916, 187ff. — Wenn Adherbal den römischen Senat per maiestatem imperi, per fidem amicitiae beschwört, so bedeutet dies zunächst, daß Rom, wie die Majestät des Imperiums, so die fides der Freundschaft zu wahren hat, und zwar heißt dies m. E. nicht einfach: »die Treue der Freundschaft«, sondern es ist dem Sinne nach soviel wie »die Hilfsverpflichtung, die ihr auf Grund der zwischen uns bestehenden Freundschaft habt«. Wie man die fides der Götter anruft, so wird hier die fides beschworen, die Rom bei seinen Verbündeten besitzt.

sinn der fides und der gratia hervor. Die *fides* erfüllt sich nicht nur in geschuldeten Hilfeleistungen (officia), sondern auch in beneficia, d. h. solchen Leistungen, die in Freiheit gegeben werden [1]), ohne eine äußere Verpflichtung, die sich aus einer vorangegangenen Gegenleistung oder einem schon bestehenden Nah- und Treueverhältnis ergeben würde. Der Römer erweist seine fides nicht nur dadurch, daß er als Freund dem Freunde oder als Führer seiner Gefolgschaft die Treue hält und die beneficia vergilt und so das in ihn gesetzte Vertrauen rechtfertigt, sondern daß er aus einer ursprünglichen Güte und Hilfsbereitschaft heraus für andere handelt, die auf seine fides angewiesen sind oder an sie appellieren. Man ruft die fides eines Patrons oder die fides des römischen Volkes an, weil man an die Bereitschaft und die Verpflichtung der Mächtigen zur Hilfeleistung glaubt. Fides ist auch da, wo es nichts zu vergelten, sondern nur etwas zu helfen gibt [2]). Fides ist mit der clementia verwandt. Die fides populi Romani tritt mit der clementia p. R. bei Sallust zusammen auf (J 33, 4: si verum aperiat, in fide et clementia populi Romani magnam spem illi sitam). Wie clementia die Güte ist, die verzeiht, so ist fides gleichsam der Ausdruck der Güte, die hilfsbereit darauf wartet, daß man sich in Bedrängnis an sie wendet und in ihren Schutz begibt. Die Bundesgenossen begeben sich in die fides des römischen Volkes, weil sie erwarten, daß sie in seinem Schutze gut aufgehoben sind [3]). Sie ist also wahrhaft

[1]) Über den Unterschied von officia und beneficia vgl. Bernert a. O. 32: »beneficia sunt operae voluntariae, officia autem eae quae ab amicis postulantur«. Die Definition Senecas, die B. in diesem Zusammenhang zustimmend erwähnt, stammt offensichtlich aus griechischer Philosophie und berücksichtigt die römischen politischen Verhältnisse nicht. Sie scheint sich auf die private Sphäre zu beschränken und insbesondere den Standpunkt der familia zu berücksichtigen. Sie lautet (De ben. 3, 18, 1): sunt enim qui ita distinguant: quaedam beneficia esse, quaedam officia, quaedam ministeria. beneficium esse quod alienus det: alienus est, qui potuit sine reprehensione cessare. officium esse filii, uxoris, earum personarum, quas necessitudo suscitat et ferre opem iubet. ministerium esse servi etc.

[2]) Heinze a. O. 42 hat nachgewiesen, daß fidem obsecrare und implorare »einen Appell an die vorhandene fides bedeute«. Fides also ist schon immer da, weil die, an die man sich wendet, eine natürliche Bereitschaft zur Hilfeleistung in sich tragen, zu der sie sich verpflichtet fühlen.

[3]) Diese Erwartung wurde freilich oft schmählich enttäuscht, vgl. Polybios 20, 9, 11 f. Seine Erklärung, daß in fidem se dare bedeute 'sich auf Gnade und Ungnade ergeben', trifft den ursprünglichen Sinn nicht, sondern nur die geltende Praxis.

die Grundlage des römischen Imperiums, und es wird klar, was es für seinen Bestand bedeuten muß, wenn sie nicht mehr existiert, wenn die Römer nicht mehr, wie Sallust es von der alten Zeit berichtet, in amicos fideles sind. Ebenso läßt der Begriff der *gratia*, der mit der fides eng verknüpft ist [1]), auf einen moralischen Antrieb des römischen Machtwillens schließen. Gratia ist der Wortbedeutung nach, wie die Verbindung mit gratus »was Freude macht, gefällig, willkommen«, gratuitus »was mit Freuden, ohne Rücksicht auf Entgelt gegeben wird« usw. lehrt, ebensosehr die »Huld und Gunst«, die freudig gegeben und freudig aufgenommen wird, wie »Dank« und »Dankesverpflichtung« [2]). Das heißt: sie schafft wie die fides Verpflichtung und Macht, aber sie erwächst ursprünglich und im idealen Sinn geredet nicht aus der Absicht, sich Menschen zu verpflichten und auch nicht notwendig aus dem Willen zur Macht, sondern aus dem Willen, etwas Nützliches und Gutes zu schaffen, und aus einem natürlichen Edelmut, von dem jener römische Adel erfüllt gewesen sein muß, der die Begriffe gratia, beneficia, fides prägte und sie zuerst zu Prinzipien des politischen Lebens erhob. Durch gratia und beneficia erweist der römische Adlige seine moralische Überlegenheit und damit seine Berufung zum Führertum, und seine fides verwirklicht sich darin, daß man seiner edlen Gesinnung vertraut [3]). So sind diese politischen Prinzipien, die dann auf die römische Herrschaft übertragen und zur ideellen Grundlage der römischen Außenpolitik gemacht wurden, letztlich Schöpfung und Ausdruck *römischen Adels*. Und als man im Scipionenkreis daran ging, mit Hilfe der griechischen Adelsethik, sublimiert und aufgehoben in der griechischen Philosophie, die Werte römischer Haltung und römischer Politik ins Bewußtsein

---

[1]) Während man sich in die fides des römischen Volkes begibt (dare se in fidem p. R.) oder in seine Freundschaft gelangt (venire in amicitiam p. R.), erneuert man amicitia, societas und *gratia*, z. B. in den Senatsbeschlüssen über den Streit zwischen Melitaea und Narthakion (Ditt. Syll. 674, 18ff. 42ff. 60ff.; diese und weitere Beispiele bei Heuss a. O. 26).

[2]) Sie ist darin der griechischen χάρις verwandt, o. S. 96.

[3]) Ebenso erweist das römische Volk durch beneficia Herrschaftsanspruch und moralische Überlegenheit. Das römische Volk ist besser als die anderen Völker: als Livius erklärt, warum die Bundesgenossen im Hannibalischen Krieg nicht abfielen, nennt er als Grund, daß »sie gerecht und maßvoll regiert wurden und sich nicht weigerten, den Besseren zu gehorchen«, und dies sei das Einzige, was die fides zusammenhalte (22, 13, 11). Auch hier wirken in der Formulierung griechische Gedanken mit ein.

zu heben, war dies vielfach eine Umbiegung (oder Bereicherung), im ganzen aber gleichwohl keine Fälschung der römischen Adelsgesinnung, weil hier jene Züge ans Licht getreten sind, in denen sich griechischer und römischer Adel berührt. Nur darum konnte Sallust einen Gedanken des Thukydides aus der Periklesrede über die Charis, die die attische Herrschaft vor anderen auszeichnete (der ebenfalls letztlich auf griechische Adelsgesinnung zurückgeht), wörtlich übernehmen (o. S. 95). In einem andern Abschnitt der Periklesrede wird die Verwandtschaft besonders deutlich: »Nicht in der Berechnung des Nutzens tun wir Gutes, sondern im Vertrauen auf unsere Unabhängigkeit (II 40, 4)«. D. h. wie die Römer erweisen die Athener »Wohltaten« nicht, weil sie es nötig hätten, nicht aus dem Willen zur Macht, sondern gleichsam in der Betätigung einer schon vorhandenen Macht, aus dem Gefühl ihres Herrentums (ἐλευθερία) und einer wahrhaft freien und adligen Gesinnung. — Nur darum konnte die griechische Philosophie, die die griechische Adelsethik in sich aufnahm, als verwandt empfunden und der Erneuerung des Römertums dienstbar gemacht werden, die in Augustus und der geistigen Bewegung seiner Zeit gipfelt.

Die Begriffe aber, die der römische Adel geschaffen und die geistige Bewegung (die im Scipionenkreis einsetzt und in der Philosophie Ciceros ihren für uns greifbarsten Ausdruck fand[1])) neu belebt und vertieft hat, sind in der römischen Politik als Ideal immer lebendig und wirksam gewesen (vgl. o. S. 65ff. und 100ff.). Daraus ergibt sich noch eine weitere Folgerung, die von prinzipieller Bedeutung ist, und die wir darum wenigstens kurz erwähnen wollen. Es ist die unvergängliche Leistung Richard Heinzes, gezeigt zu haben, daß in Rom alle sittlichen Begriffe, auch diejenigen, die ursprünglich in der privaten Sphäre und im Kreise der familia beheimatet sind, letztlich der Macht und der Größe der res publica dienen. Ebenso erstaunlich aber ist es für den modernen

---

[1]) Das Hauptdenkmal ist Ciceros Schrift De officiis (von De rep. sind die hierfür wichtigsten Partien verloren), die die römische Moral mit Hilfe der griechischen Philosophie darstellt. Hier (bzw. bei Panaitios) nehmen beneficia, beneficentia usw. einen breiten Raum ein: I 42—60, II 32ff. (über die Bedeutung von caritas und benevolentia, die man durch beneficia gewinnt, für das römische Imperium, vgl. o. S. 91 ff.), 52ff. (persönliche beneficia), 72ff. (beneficia, quae ad universos quaeque ad rem publicam pertinent), III 88 (vgl. S. 105).

Betrachter, wie sehr in Rom die Macht auf Grundsätzen ruht, die von sittlichen und noblen Begriffen getragen sind. Wo im römischen Staat Herrschaft ist, da ist, wie sich durchweg gezeigt hat, der Idee nach immer auch Gefolgschaft, wo Macht ist, da ist auch Anspruch durch Leistung und Vertrauen, oder, wie Sallust und die Römer umgekehrt formulieren, nur dort, wo Vertrauen herrscht, wo 'Wohltaten' und Dank geübt werden, ist wahre Macht, d. h. eine Macht, die innere Kraft, Sicherheit [1]) und Dauer hat: imperium iustum. Sallust kennt nicht Macht als solche als das höchste Ziel. Der Gedanke, daß das Machtinteresse des Staates seine Politik *rechtfertige*, hat bei ihm und in der politischen Ideologie des Römertums keinen Raum und auch bei den Griechen keine beherrschende Stellung. Nur die griechischen Philosophen und Sophisten, die sich in *Gegensatz* zur geltenden Moral stellen oder sie entlarven wollen, sprechen diesen Gedanken aus: Kallikles, Thrasymachos, Kritias und dann Karneades, der zugleich im Namen der unterdrückten Völker das Wort führt. Freilich sind im Griechischen die moralischen Grundlagen der Politik weniger fest verwurzelt als in Rom. Das beste Beispiel ist das Geschichtswerk des Thukydides (der freilich auch im griechischen Bereich eine Ausnahmestellung einnimmt) [2]). Er, der an einer Stelle der Perikleischen Leichenrede ein Ideal verkündet, das dem römischen verwandt ist (s. S. 95 f.), der dem Prinzip der σωφροσύνη in der Politik eine entscheidende Stelle einräumt (S. 63,1) und somit keineswegs als reiner »Macchiavellist« gelten kann, hat doch in den Reden der Politiker, die bei ihm auftreten, den Machtgedanken in einer Weise zu Wort kommen lassen, die im römischen Bereich nicht vorstellbar wäre. Ein Melierdialog wäre bei Sallust schlechterdings undenkbar gewesen. Gewiß, Thukydides will damit das unverhüllte Machtstreben nur als

---

[1]) Man erinnere sich an den Ausspruch Sullas, es sei *sicherer*, volentibus quam coactis imperitare.

[2]) Immerhin bemerkt Berve sicher nicht mit Unrecht (Thukydides, Auf dem Wege zum nationalpol. Gymn., Heft 5, 48): »Es scheint nicht nur für Thukydides, sondern für das Griechentum überhaupt bezeichnend, wie eindeutig die Frage (nach Recht und Macht) zugunsten der Macht entschieden wird«. Erst bei Polybios ist es völlig anders, aber der steht schon unter dem Einfluß der Prinzipien *römischer* Politik. Doch hat er in den Isokrateern Ephoros und Theopomp schon Vorläufer in der ethisierenden Geschichtsbetrachtung gehabt, vgl. hierzu Lorenz, Untersuchungen zum Geschichtswerk des Polybios, Stuttgart 1931, A. 249.

politische Tatsache, nicht als politisches Ideal kennzeichnen, und er hat darin wohl eher etwas Verhängnisvolles als etwas Großartiges gesehen und in der zynischen Art, wie die Athener zu den Meliern reden, eine Verurteilung der athenischen Politik aussprechen wollen. Aber daß Athener überhaupt so reden können und daß Thukydides mit seinem Urteil zurückhält, ja, in dem Machtstreben eine geschichtliche Notwendigkeit zu erkennen scheint, ist schon bezeichnend genug. Und vor allem: nicht nur die Athener vor den Meliern und Kleon (z. B. vor dem athenischen Volksgericht über die Mytilenäer) vertreten eine brutale Machtpolitik, sondern auch Perikles selber äußert bei Thukydides Gedanken, die ein echter Römer nie hätte aussprechen können. In der dritten Periklesrede heißt es (Thuk. II 64, 3ff.): »Erkennt, daß (Athen) den größten Namen unter allen Menschen hat, weil es dem Unglück nicht weicht und die meisten Menschen und Mühen im Krieg aufgewendet und die bis jetzt größte Macht erworben hat, deren Andenken den kommenden Geschlechtern auf ewige Zeit erhalten bleiben wird, und daß wir Griechen die meisten Griechen beherrschten und in den schwersten Kriegen standhielten gegen alle zusammen und gegen die einzelnen, und daß wir die reichste und größte Stadt bewohnen. Daß wir aber jetzt gehaßt werden und lästig sind, war allen beschieden, die über andere herrschen wollten. Wer aber um der größten Dinge willen Neid sich zuzieht, der ist richtig beraten. Denn Haß dauert nicht lange, die gegenwärtige Herrlichkeit aber und der kommende Ruhm bleibt immer in Erinnerung«. Hier tritt der Abstand zwischen griechischer und römischer Auffassung vom Wesen der Macht und vom Ziel der Politik mit aller Deutlichkeit zutage. Haß ist für den Römer eben nicht gleichgültig. Im dritten Buch von De officiis weist Cicero durch Beispiele aus der römischen Politik nach, daß es dem römischen Wesen entspricht, Ehre und Anständigkeit einem scheinbaren Machtvorteil vorzuziehen, und daß gerade damit der wahren Macht am meisten gedient ist. Denn »kann für eine Macht, die doch auf Ansehen und Ruhm begründet sein muß und auf das Wohlwollen ihrer Verbündeten, *Haß* und Schande förderlich sein«? (De off. III 88). Und der Ruhm gründet sich nach römischer Anschauung nicht wie für Perikles auf die Größe des Reiches, sondern auf die Leistung für die Untertanen, auf die Ordnung der Völker der Welt und auf deren Vertrauen. Bei Perikles erscheint die Macht fast Selbstzweck, bei den Römern dient sie dem Ziel, den Menschen, die ihr unterstellt sind, zu nützen. Nicht darauf kommt es an, sagt Cato im Catilina, und diese Worte wirken fast wie eine Entgegnung auf die Periklesrede, einen Staat zu haben, der viele Waffen und viele Menschen besitzt [1]), sondern, so dürfen wir seine Worte ausdeuten, der innere Größe hat, der gütig und gerecht regiert und darum in der Welt Ansehen und Ruhm gewinnt. Im zweiten Buche von De officiis führt Cicero den Nachweis, daß Anständigkeit das beste Mittel ist, um Macht zu gewinnen, und er spricht damit die gleiche römische Grundanschauung aus. Die trostlosen politischen Zustände in Rom sind für ihn wie für Sallust der stärkste Beweis dafür, wohin eine gegenteilige Auffassung führt. Das reine Machtstreben (lubido dominandi, lubido imperitandi, cupido imperii) wird von Sallust eindeutig verurteilt. Amicitias inimicitias non ex re sed ex commodo aestimare, politische Freundschaften und Feindschaften nach dem Machtinteresse, nicht nach dem Tatbestand, d. h. nach den Leistungen und dem Verhalten zu beurteilen, gilt ihm als ein Zeichen tiefen Verfalls (C 10, 4) [2]). Ganz entsprechend sagen die Gallier bei Livius, als sie zu Beginn des Hannibalischen Krieges aufgefordert werden, sich Rom anzuschließen, nicht, das widerstreite ihrem Interesse, sondern: neque Romanorum in se meritum neque Carthaginiensium iniuriam, ob quae aut pro Romanis aut adversus Poenos sumant arma (Liv. 21, 20,5) [3]). Zum erstenmal bei einem römischen

---

[1]) Cato befindet sich hier mit griechischen Gedanken in Übereinstimmung. Plutarch Lykurg 21: 'Lykurg betrachtete es nicht als seine Aufgabe, seine Vaterstadt *als Herrscherin über möglichst viele Menschen* zu hinterlassen, sondern in der Überzeugung, daß das Glück im Leben des Einzelnen wie in dem des Staates auf der Tugend und auf der Übereinstimmung mit sich selbst beruhe, ordnete er seine Verfassung mit dem Ziel, daß die Menschen freiheitlich gesinnt, sich selbst genügend und maßvoll werden und solange als möglich bleiben sollten. Dies nahm auch Plato zur Grundlage seines Staates und Diogenes und Zeno.'

[2]) Vgl. auch: Populus Romanus beneficii et iniuriae memor esse solet in der Antwort des Senats an König Bocchus und die Rede Adherbals, der Rom nicht an sein Machtinteresse, sondern an die beneficia Masinissas (und die maiestas p. R.) erinnert, o. S. 88.

[3]) Ähnlich verlangt bei Polybios 9, 31, 6 der Aetoler Chlaineas von den Lakedämoniern, sie müßten ihren Anschluß an Philippos entweder durch ein Unrecht der Aetoler oder durch einen Freundschaftsdienst (εὐεργεσία) des Philippos begründen. Vgl. auch die Worte des Römers Liv. 31, 31, 9: et vos et omnes gentes scire volumus pro merito cuique erga nos fortunam esse.

Historiker, soweit wir wissen [1]), wird bei Sallust die Gerechtigkeit der römischen Eroberungen in Frage gestellt [2]), indem er den Feinden Roms das Wort erteilt [3]). J 81, 1: Jugurtha entflammte das Herz des Bocchus durch eine Rede: die Römer seien ungerecht, von unersättlicher Habgier erfüllt, und darum die Feinde aller; sie hätten den gleichen Grund zum Krieg mit Bocchus wie mit ihm selber und den anderen Völkern: die Herrschsucht (lubidinem imperitandi)«. In den Historien schreibt Mithridates an Arsaces: »Die Römer haben immer den einen alten Grund, mit allen Stämmen, Völkern und Königen Krieg zu führen: die unersättliche Gier nach Herrschaft und Reichtümern (cupido profunda imperi et divitiarum)« [4]). »Haben sie sich nicht von Anfang an alles geraubt, ihre Wohnung, ihre Frauen, ihr Land und ihr imperium? . . . Kein göttliches und menschliches Recht kann sie daran hindern, ihre Bundesgenossen und Freunde, die nahen und die fernen, die schwachen und die mächtigen, auszuplündern und zugrunde zu richten und alles, was noch nicht geknechtet ist, und am meisten die Königreiche als Feinde zu betrachten«. Diese Anklage des Mithridates ist eine entsprechend der haßerfüllten Gesinnung des erbittertsten Feindes, den Rom seit Hannibal hatte, verschärfte Form der Anklage, die Sallust auch sonst gegen die cupido imperii und die avaritia erhebt [5]). Nicht die äußere Macht

[1]) Zweifellos unter dem Einfluß des Karneades bzw. der Rede des Furius Philus gegen die Gerechtigkeit in Ciceros De rep.

[2]) Zumal seit dem 2. Punischen Krieg, vgl. die Beispiele im Brief des Mithridates. Daß nur Beispiele aus der römischen Ostpolitik genommen werden, ist dort freilich auch aus der Situation verständlich.

[3]) Später hat vor allem Tacitus dies wieder aufgenommen (Rede des Calgacus im Agricola). Hierzu und zu der romfeindlichen Literatur vgl. H. Fuchs, Augustin und der antike Friedensgedanke, Berlin 1926, 222 ff. und vor allem Der geistige Widerstand gegen Rom in der antiken Welt, Berlin 1938, ferner Eva Matthews Sanford, Contrasting views of the Roman empire, American Journal of Philology 58, 1937, 437 ff.

[4]) Es folgen als Beispiele Roms Verhalten gegen Philipp, Antiochos, Perses, Eumenes und dessen Sohn Aristonikos und gegen den Sohn des Nikomedes von Bithynien.

[5]) Das imperium iustum bestehe nicht mehr, sagt Cato, dafür avaritia und luxuria. Vgl. auch in der gleichen Rede (C 52, 12): liberales ex sociorum fortunis. Ferner vor allem C 12, 4. 5: (maiores) neque victis quicquam praeter iniuriae licentiam eripiebant. at hi contra, ignavissumi homines, per summum scelus omnia ea sociis adimere, quae fortissumi viri victores reliquerant: proinde quasi iniuriam facere id demum esset imperio uti.

ist für Sallust und für die römische Anschauung das höchste Ziel der Politik, nicht die Größe der res publica als solche, obwohl alles ihr zugute kommt, sondern eben die Erfüllung des imperium iustum durch Gerechtigkeit, Hilfsbereitschaft, Treue, Dank und gute Dienste, Tugenden also und moralische Forderungen, die sich aus dem Wesen der politischen Gemeinschaft ergeben, und denen die res publica zu dienen hat. Auf der Verwirklichung dieser Forderungen beruht der Ruhm des römischen Volkes.

Kann man nun sagen, daß die Römer im Grunde ihres Herzens an diese sittliche Zielsetzung ihrer Politik selbst nicht glaubten, und daß alle diese Begriffe und Gedanken nur erfunden wären, um die Menschheit über die Wirklichkeit hinwegzutäuschen, um den socii und amici des römischen Volkes und den anderen Völkern, die Rom mißtrauisch oder feindlich betrachteten, Sand in die Augen zu streuen? Ist das nur Cant? Obwohl (nach GELZERS Nachweis Herm. 1933) diese Gedanken schon seit dem ältesten römischen Historiker, seit Fabius Pictor, ganz bewußt in den Dienst der römischen Propaganda gestellt werden, obwohl unzählige römische Politiker moralische Phrasen im Munde führen, ohne sie ernst zu nehmen (vgl. o. S. 4ff.) und Moral gewissenlos als ein Mittel der Politik einsetzen, kann es dies nicht allein sein. Sallust kann schwerlich ein Propagandist genannt werden. Oder sind, die an solche Dinge geglaubt haben, Utopisten gewesen, die Römer, deren nüchterner Sinn aus allem in die Augen springt, was wir von ihnen wissen, und Sallust, den man nicht ohne Berechtigung als einen düsteren Pessimisten zu kennzeichnen liebt, wäre im Grunde ein schwärmerischer Ideologe gewesen? Gewiß nicht. Sondern: wir müssen die Römer hier ernst nehmen. Alle politischen Grundwerte, virtus, moderatio, dignitas, fides, gratia usw. sind wirklich zugleich moralische Werte. Das bedeutet: in ihrem Denken war der Gegensatz zwischen Politik und Moral, zwischen Macht und Sittlichkeit, ursprünglich überhaupt nicht vorhanden, und es ist, meine ich, für den politischen Instinkt des römischen Volkes bezeichnend, daß es diesen Gegensatz nicht kennt. Es spricht daraus die elementare Erkenntnis, daß eine Politik, die nicht nur Völker unterwerfen, sondern Menschen führen will, auf sittliche Grundsätze nicht verzichten kann, ja erst durch sie gerechtfertigt ist. Wahre Politik ist im Grunde moralisch, auf ein Gutes, auf Ordnung und Leistung gerichtet, wahre Macht hat eine sittliche Aufgabe: dies ist, wie sich zeigte, die altrömische Auffassung gewesen, und daß Sallust sie erneuert, ist ein untrügliches Zeichen dafür, daß im Römertum trotz alles Zusammenbruchs ein moralischer Kernbestand noch nicht ernstlich angegriffen ist.

Für die Griechen war diese Einheit von Macht und Recht, die Einheit der realen und der idealen Seite der Politik, die Erkenntnis, daß Macht nicht sich selbst genügt, sondern dazu da ist, soziale und politische Werte zu schaffen, überhaupt die moralische Verpflichtung, die in der Macht liegt, nicht so selbstverständlich, wie das Beispiel des Thukydides zeigt. Wohl sind moralische Forderungen bei ihm wie auch sonst in der griechischen Politik und Geschichtsschreibung immer erhoben worden [1]), aber bei keinem älteren griechischen Historiker ist der unlösbare Zusammenhang von Politik und Moral so lebhaft empfunden und so eindringlich verkündet worden wie in der römischen Geschichtsschreibung und wie bei Polybios und seinen Nachfolgern, die eben schon unter der Einwirkung der römischen Wirklichkeit, wenn auch unter ständiger Anknüpfung an griechische Ansätze, ihre politischen Anschauungen entwickelten. Die griechische Staatsphilosophie andererseits hatte ihre Politik wohl auf sittliche Ideen gegründet, aber sie war in ihrem Wesen immer die Lehre von der idealen Polis geblieben, d. h. die Außenpolitik, auf die sich die römischen Gedanken, die sich um das imperium iustum gruppieren, ja in erster Linie beziehen, spielte in ihr eine verhältnismäßig geringe Rolle. Erst mit Panaitios, wiederum also unter römischem Einfluß, scheint dies anders geworden zu sein. In der neuzeitlichen Staatstheorie hat vor allem Macchiavelli jene Einheit zerstört und die Politik wieder einseitig auf Macht begründen wollen. Er hat damit eine große Wirkung gehabt, obwohl der römische Versuch, Macht und Recht, Politik und Moral als eine Einheit zu begreifen, überall, wo wahrhaft große Politik im abendländischen Bereich verwirklicht worden ist, wiederholt wurde, ebenso wie andererseits diese Einheit immer wieder gefährdet und zerstört worden ist.

---

[1]) Stellen bei den attischen Rednern und Historikern bei Jost, Das Beispiel und Vorbild der Vorfahren bei den att. Rednern und Geschichtsschreibern bis Demosthenes, Rhet. Stud. 19, Paderborn 1936, zu finden unter den Schlagworten (in Verzeichnis I): Hilfsbereitschaft Athens, Menschlichkeit, Milde, σωφροσύνη, Uneigennützigkeit Athens. Vgl. auch o. S. 96, 3 und 104, 2.

ZUSAMMENFASSUNG

Die Prinzipien der römischen Politik, soweit sie im Werke Sallusts in Erscheinung treten, gruppieren sich um das Virtusideal und das Ideal der maßvollen und gerechten Herrschaft. Was im Kapitel moderatio behandelt wurde, läßt sich, soweit es sich auf die Selbstbeherrschung und Mäßigung im Sinne des persönlichen Verzichts auf die Güter und Freuden des Lebens bezieht, dem ersten, soweit es die politische Haltung betrifft, dem zweiten Ideal zuordnen.

Das Virtusideal ist notwendiger Ausdruck der gewaltigen Arbeitsleistung und der unerhörten Kraftanstrengung, die die militärische Verteidigung ebenso wie die politische Leitung eines Reiches wie des römischen erfordert. Das Ideal der mäßigen und gerechten Herrschaft ist gleichfalls eine Forderung, die sich aus den Führungsaufgaben ergibt, die Rom zu erfüllen hat. Ein so gewaltiges Reich kann nur dann fest sein, wenn die »Freunde und Bundesgenossen«, die es tragen, treu zu ihm stehen. Dies ist nicht allein durch Gewalt möglich, sondern nur durch Mäßigung im richtigen Augenblick, durch moderatio. Damit sind in diesen beiden Prinzipien die Grundkräfte politischen Daseins beschlossen: die äußere Kraft, die auf Gewalt mit Gewalt zu antworten vermag, und die innere moralische Stärke, die es versteht, Menschen innerlich an sich zu binden. Auf dieser Zweiheit beruht alles politische Wirken und alles politische Dasein. Eines ohne das andere hebt es auf. Es ist das parcere subiectis et debellare superbos Virgils, die küene unde milte im »Manneslob« Walthers von der Vogelweide, ἀνδρεία und κοσμιότης in Platos Politikos. Sallust hat beides mit nüchterner Klarheit erkannt und mit unerbittlicher Schärfe gefordert. Aber obwohl sich beides aus dem Wesen des Politischen und der besonderen Lage Roms fast zwingend ergibt, hat er es nicht getan, weil er darin eine politische Notwendigkeit, sondern eine moralische Forderung erkannte (vgl. o. S. 55). Er verzichtet in stolzer Strenge auf eine Motivierung dieser Forderung. Er hat als ihren Sinn nicht das Glück des einzelnen und nicht das Glück des römischen Volkes und auch nicht das Glück der Völker erkannt, denen Rom den Frieden brachte [1]), diese Begriffe spielen

[1]) Nur in Adherbals Rede klingt der Gedanke an, daß es Roms Sendung ist, dem Unrecht zu wehren (o. S. 88), und im zweiten Brief an Caesar, daß der Untergang Roms Verödung, Mord und Kriege nach sich ziehen würde (2, 13, 6).

bei ihm im Gegensatz zur griechischen Staatslehre und ihren Reflexen bei Cicero keine Rolle, und auch die Liebe zum Vaterland ist ihm nicht das entscheidende Motiv (pietas kommt nur ein einziges Mal vor), obwohl der Stolz auf römische Größe deutlich zu uns spricht [1]), und in dem Zurückdrängen grade dieser Begriffe drückt sich eine eigentümliche Gefühlskargheit aus, die den Sallust von Cicero deutlich unterscheidet und altrömisch-catonischer Strenge naherückt. Sondern: jene Werte sind ihm an sich heilig, und wenn man einen höchsten Wert bei ihm suchen wollte, so könnte man ihn im Ruhm des Einzelnen und im Ruhm, in der Ehre und Größe des römischen Volkes finden, die sich in jenen Werten aufbaut.

Diese stolze Strenge empfinden wir als einen Ausdruck römischen Ernstes und römischer Würde, den Sallust aus römischer Tradition in sich aufgenommen hat. Wie wir die politischen Leitbegriffe als altrömischer Sprache und altrömischem Fühlen verwandt aufzeigen konnten, so ist für die Grundstimmung seines Werkes Catos censorische Haltung maßgebend, die die Würde der römischen Geschichtsschreibung begründet hat. Nur eben erwächst jene strenge Haltung nicht wie bei Cato gleichsam natürlich aus einer ursprünglichen Verbundenheit mit altrömischer Art [2]), sondern sie ist bewußt angenommen und darum noch düsterer und pathetischer. Man mag sie psychologisch erklären aus dem Wunsch des Gescheiterten, sein eigenes politisches Versagen durch die Verurteilung der politischen Zustände zu rechtfertigen und seine moralische Brüchigkeit durch eine outrierte sittenrichterliche Pose vielleicht nicht nur den andern, sondern auch sich selbst zu ver-

Für Caesars gallische Eroberung zeigt er kein Verständnis (o. S. 71, 2), dagegen läßt er romfeindliche Kritik zu Wort kommen (o. S. 107). Auch C 2, 2 zeigt, daß er lubidinem dominandi causam belli habere, *maxumam gloriam in maxumo imperio putare* (Rom!) nicht billigt.

[1]) Wem das nicht aus der Lektüre des ganzen Werkes deutlich wird, der sei auf den geschichtsphilosophischen Abschnitt des Catilina verwiesen. Dort wird der kleineren athenischen Geschichte, der große Schriftsteller einen in diesem Maße nicht verdienten Ruhm schufen, die größere Geschichte Roms gegenübergestellt, die unverdient zurückstehen mußte, weil »die Besten lieber handeln als reden, lieber um ihrer Taten willen von andern gerühmt werden als selbst über fremde Taten berichten wollten« (C 8, 5).

[2]) Die freilich dem Sabiner aus Amiternum trotz der mißgünstigen Nachrichten über seinen Lebenswandel, die man nicht anzweifeln kann, nicht mit völliger Sicherheit abgesprochen werden kann.

hüllen. Aber damit ist nur die eine Seite erklärt. Man darf daneben nicht übersehen, daß in seinem Geschichtswerk das bittere Erlebnis des politischen Zusammenbruchs und der inneren Fäulnis des römischen Staates mit solch überzeugender Kraft ausgesprochen ist, daß es schwer hält zu glauben, er sei von diesem Erleben innerlich unberührt gewesen. Auch geht es nicht an, wegen des düsteren und pessimistischen Tones die Absicht seiner Geschichtschreibung nur im Negativen zu sehen. Ich kann nicht glauben, daß Sallust nur darum Geschichte geschrieben habe, um sich den Ekel von der Seele zu schreiben, um 'einer entarteten Gegenwart wehe zu tun' [1]) und um 'den Staat Sullas geistig zu vernichten' [2]). Das Bild römischer Größe ist nicht nur im Catilina, sondern auch im Jugurtha noch mächtig. Der Verworfenheit des Catilina und des Adels, der dem Numiderkönig zu Willen ist, stellen sich Gegenkräfte entgegen, die freilich selbst zuweilen das rechte Maß verlieren, aber es sind doch Gegenkräfte da, und Catilina sowohl wie Jugurtha unterliegen schließlich, und Roms Ehre bleibt gerettet. An Caesar und Cato wird ingens virtus rühmend hervorgehoben (C 53, 6). Auch spürt man deutlich, daß Sallust bei den Taten römischer virtus im Jugurthinischen Krieg mit Bewunderung verweilt. Metellus und Marius haben das sallustische Ideal zu einem großen Teil erfüllt. Sein Glaube an Roms Größe ist wenigstens hier noch nicht gebrochen. Und es scheint unvorstellbar, daß es in den Historien völlig anders gewesen wäre. Denn wenn wir auch glauben, daß z. B. Sertorius nicht ein reines Idealbild war (vgl. o. S. 1), so hat doch auch er irgendwie an römischer virtus teilgehabt, wie die Stellen zeigen, aus denen man, wie wir glauben irrtümlich, Sallusts idealistische *Gesamtauffassung* der Sertoriusgestalt erschlossen hat. Römische Größe als vorbildlich und ihr Gegenteil als verabscheuenswert hinzustellen und so zu einer Erneuerung und Wendung des römischen Schicksals beizutragen, ist ein Hauptanliegen des Sallust gewesen [3]). Nichts spricht dafür, daß er den Untergang für unabwendbar gehalten hätte. Eine Auffassung, die mit solcher Eindringlichkeit die Ursachen des Verfalls erklärt, ist trotz solcher Wendungen wie fortuna saevire coepit und trotz der Worte des Historienprooemiums, daß der mensch-

[1]) Latte, Sallust 56.

[2]) Klingner, Das Prooemium der Historien des Sallust, Hermes 1928.

[3]) Vgl. J 4, 4 und dazu o. S. 36.

liche Geist nie zur Ruhe käme und in Roms Geschichte immer Unfriede geherrscht hätte, weder fatalistisch noch resigniert zu nennen. Die Überzeugung, daß menschliche Schuld vorliegt, die seiner ganzen Geschichtschreibung zugrunde liegt (vgl. auch im Catilinaprooemium 2, 5: fortuna simul cum moribus immutatur), schließt die Ansicht, daß man es besser machen kann, notwendig in sich ein. Der Glaube an die Richtigkeit der Prinzipien altrömischer Politik und Lebensauffassung steht aufrecht über allem Zerfall.

Auch scheint mir jene Deutung zu sehr vom Persönlichen und Subjektiven auszugehen, sie erklärt wohl die Frage, wie Sallust zur Geschichtschreibung kam, aber nur von einer Seite, von der Seite seiner persönlichen Enttäuschung oder seines persönlichen Versagens her. Sie verkennt die objektive Bindung an römisches Schicksal und an die Ideale römischer Vergangenheit, die Sallust in dem Augenblick eingeht, wo er beginnt, römische Geschichte zu schreiben. Hier stellt er sich bewußt in eine verpflichtende Tradition. Und er tut es doch wohl nicht nur aus persönlichen Beweggründen, sondern auch deshalb, weil er zu großen Anteil am römischen Schicksal nimmt, als daß er stumm beiseite stehen und in den Untergang Roms resigniert einwilligen könnte. Und der pessimistische Ton braucht nicht als Zeichen dafür gewertet zu werden, daß er, der so reformfreudige Briefe an Caesar schrieb (die freilich gleichfalls schon vom bittersten Ernst erfüllt sind), nun aller Hoffnung abgesagt hätte; er kann ganz im Sinne der antiken Nachricht, daß Sallust wie ein Redner zu lesen sei, als ein gleichsam rednerisches Element verstanden, d. h. aus der Absicht hergeleitet werden, durch die düstere Darstellung der politischen Zustände nur um so wirksamer zu ihrer Beseitigung beizutragen. Wie hinter der bitteren Kritik des Marius und Cato bei Sallust, dem rauhen und anklagenden Ton des alten Cato, an dem der Ciceronianer Tiro so lebhaft Anstoß nahm, der Wille steht, den Hörer aufzurütteln, so darf man wohl hinter der Geschichtschreibung des Sallust den gleichen erzieherischen Willen vermuten. Es liegt darin die Absicht, zur Einkehr und Umkehr aufzurufen und zur politischen Erneuerung reif zu machen. Es geht darum, dem Verfall in ernster Besinnung auf die Würde und Größe römischer Vergangenheit die Forderung unerbittlicher Strenge entgegenzuhalten. Und hierauf beruht die Wirkung des Sallust nicht weniger als auf seiner künstlerischen Kraft.

STELLENVERZEICHNIS

STICHWORTVERZEICHNIS

FSC
www.fsc.org
MIX
Papier | Fördert gute Waldnutzung
FSC® C083411

Kolibri 360 GmbH
Ferdinand-Jühlke-Straße 7
99095 Erfurt, Deutschland
produktsicherheit@kolibri360.de